この世界の
謎を解き明かす

高校物理
再入門

吉田伸夫【著】
YOSHIDA Nobuo

技術評論社

はじめに

“真の物理学”へたどり着くための再入門

「物理は高校で勉強した」と思っているあなたに言いたい。真の物理学は、高校で学んだことのほんの少し先にあると。

高校での物理の勉強と言うと、いろいろな公式を暗記させられた思い出を持つ人が少なくないだろう。「このタイプの問題にはあの公式を使う」と教えられ、よくわからないまま公式を当てはめていくだけ。これでは、いくら勉強しても自然に関する理解は深まらない。物理嫌いを増やすのがオチである。

科学の最先端に「公式」はない。誰もが正しいと認めるような式は、研究の現場ではすでに用済みになっている。科学的な研究とは、何が公式たり得るかを考えることなのだ。物理学の何たるかを知りたいならば、式を覚える前に「なぜこの式は重要だとされるのか」を理解してほしい。しかし、現行の教科内容は、そうした理解に到達させるような配慮がされておらず、ある式がどのようにして考案され、最先端の知見とどのように結びつくかは説明されない。

物理学は、ほかのあらゆる科学と同様に、完成された知識の体系ではない。世界を理解しようと模索する研究者が、さまざまな仮説をデータと比較しながら、現実と合わなければ棄却し、生き残ったものを体系化してきた活動の記録である。すでに確立された学説を並べただけでは、学問の抜け殻を陳列したにすぎない。その学説で何を解明しようとしたのか、どのように学界で受容され、現在ではいかなる評価を受けているかを知れば、物理学が、世界とは何かを知ろうとする人間の営みであるとわかるだろう。

例として、ニュートンの重力理論について見てみよう。ニュートンが惑星運動の研究を行った17世紀後半には、地球を含む惑星が太陽の周りを回っているという見方が広まっていたが、どのような仕組みで惑星運動が持続するのかは、謎だった。ニュートンより半世紀早く生を受けたデカルトは、エーテルが太陽の周りで渦巻いて惑星を運ぶと主張し、かなりの支持を集めていた。

この見方に真っ向から反対したのが、ニュートンである。彼は、「空気抵抗がなければ、地表から放り投げた物体は放物運動を行う」というガリレオの理論をベースにした。宇宙空間には抵抗をもたらす媒質がなく、太陽からの引力だけを受けて運動すると仮定し、地表付近での放物運動と両立できる法則を考案したのである。

ニュートンの重力理論の最も驚くべきところは、物体を落下させる作用と、物体を押したり持ち上げたりするときの力が、統一的に扱えると主張した点である。17世紀には、地球の中心に向かって落下するのは物体が持つ性質であり、物体を持ち上げるのに必要な力とは別物だという見方が一般的だった。この2つが「力」という概念で包括できるという主張は、きわめて斬新で革新的だった。

ただし、重力が一瞬で空間を飛び越えて作用するというニュートンの考え方には、多くの批判が浴びせられた。この問題を克服したのがアインシュタインの一般相対論であり、空間そのものが重力を伝える媒質であると解明した。

ニュートンの重力理論がいかなる動機から構想され、この理論を基にすると何が明らかになり、現代物理学とどのようにつながるのか—そうした歴史的な流れを俯瞰的に眺めることによって、はじめて、物理学の文化的な役割がわかってくる。

重力に限らない。気体分子運動論も、分子間力を無視する模型を使って分子の実在性を確認するという、やや消極的な手法としてスタートしたが、この理想化を基に統計的な振る舞いの特徴が抽出され、ボルツマンの統計力学に至る道が開かれた。こうした流れをつかめば、物理学のどの理論も、世界の謎を解き明かそうとする試みの中に組み込まれていることが感じ取れるはずだ。

にもかかわらず、高校物理の教材では、理論を構想するきっかけも、最新科学との結びつきも、ほとんど無視される。教科書は事項の説明と公式の羅列で、読んでいてまったく面白くない。「わからなかったことがわかるようになる」という体験は、面白さやワクワク感を伴うはずなのに、現在の物理教育は、そうした喜びを学生に与えていない。

こうした状況に対して何かできないかと考えて執筆したのが、本書である。

本書の特徴

特徴（と言うより、著者の頑迷なこだわり）は、以下の通りである。あらかじめ断っておくと、試験勉強には役に立たないので、その点は誤解しないように。

(1) 高校物理が他の多くの分野と結びつくことを示した

本書では、指導要領に記された教科内容に加えて、その理論が必要とされた背景や、関連するトピックの解説を行った。とは言え、科学史などに関する本格的な論考は避け、物理学の公式が学問的ネットワークの中でどのような位置にあるかがわかる程度の、最小限の記述にとどめた。その理由は、主たる読者として、高校で物理を学びながら、試験以外の使い道もなく何の役にも立たなかったと思っている人を想定したからである。こうした人が本書をひもといて、暗記するだけのように見えた公式が、実はさまざまな結びつきを持った体系の中にあることを知っていただきたい。

クーロン力の解説に続けて物質の構造のような化学の教材を取り上げたり、気体分子運動論の前に分子間力があるときの流体の振る舞いを紹介したりしたのも、これらの理論がさまざまな分野と密接につながっていることを示すためである。

随所に挿入した【ケーススタディ】も、息抜きのトピックスではなく、高校物理の内容を具体的な事例と結びつけるように心がけた。最初の【ケーススタディ】では月面での放物運動を取り上げたが、ここでは、「アポロ宇宙船は月に行っておらず、月面の映像は地球の砂漠で撮影したもの」という捏造説が、高校物理の知識だけで反駁できることを理解してほしい。

(2) 物理の指導要領にはできるだけ従ったが、逸脱した箇所もある

指導要領から大きく外れないように自己規制したが、公式を暗記するよりも学問の流れを見出してほしいという立場を採る以上、文部科学省の方針とは相容れなかった点がいくつかある。

例えば、電磁気学における電気的なエネルギーは、単に電位と電荷の積という形ではなく、電場の2乗をすべて加え合わせた形でも定義できることを示した。これは、「エネルギーがどこにあるか」という問題を考えさせることによって、場を重要視する現代物理学の方法論に目を向けさせたいからである。

指導要領は、高校生でも扱える数式に限定したせいで、「そこに触れなければ、この教材を取り上げる意味がない」ような部分すら欠落していることがある。

気体分子運動論は、分子間力を無視する非現実的な理論であり、高校物理の教材にする価値があるのか、疑問に感じる人も少なくないだろう。しかし、実際には、分子間力を無視したことによって分子の速度分布が計算可能になり、その結果として、「温度とは何か」という問いに対する答えが見出されたのである。この答えを一般化したのがボルツマンであり、彼が構築した統計力学は、物理現象がどのように進行するかを説明する上で本質的な役割を果たす。

たとえ数学的にきちんと導くことができなくても、速度分布についての考え方を示し、温度が統計現象の指標であると理解させなければ、気体分子運動論を取り上げる意義はないだろう。

本書では、簡単にではあるが、マクスウェルの速度分布論にも触れておいた。

(3) 微積分の知識を前提とする体系化は避けた

ニュートン力学は、微積分を使うと壮大な体系として構築できる。しかし、高校物理では微積分を使わないという前提があるため、運動量と力積、エネルギーと仕事の関係を運動方程式から導くことができない。一般的な教科書では、運動の法則に続けてこれらを教えることになっているが、積分を使わないとなると、関係式を得るためにかなり回りくどい説明をする必要があって、煩わしい。

本書では、力学の枠内で議論するのは、放物運動と惑星運動（円運動を含む）にとどめ、運動量や仕事についての議論は、熱力学の解説の中で触れるだけにした。微積分を用いてさまざまな関係式を導出する方法は、注で簡単に示しておいたが、大学で微積分を駆使した理論構成を学ぶと、高校物理の道具立てを使って力積や仕事をなんとか理解しようとしたことが、バカらしくなる。

(4) 物理学の本道から離れる内容は省略した

ほとんど意味のない公式が教科書に載っていることもある。電気回路におけるキルヒホッフの法則は、電流や電圧の正体がわからなかった時代には重要性があったかもしれないが、現在では教える価値がない。電気回路は、技術的応用にすぎないので、コンデンサーの電気容量などの一部を除いて、大半を教科内容から削除した方がよいのではないか（この点は、レンズや球面鏡を取り上げる幾何光学に関しても、同様である）。

また、磁場を説明する際に「磁荷に関するクーロンの法則」が使われることがあり、物理学者からすると腹立たしい限りである。この“法則”は、基礎理論から導かれるものではない。マクスウェルの電磁気学に磁荷は含まれておらず、磁荷と電荷が併存するとさまざまな不都合が起きることが示される。磁荷に関するクーロンの法則が記載されるのは、磁束密度の単位を導入するのに便利だからだろうが、そもそも磁束密度という概念自体が不必要なので、誤解を招きやすいこの法則を取り上げるべきではない。

原子物理に関して、教科書の説明はあまりに中途半端だ。特に問題となるのが、ボーア模型である。水素原子の安定性を示すためにボーアが提案したものだが、その後の研究で、物理学的には多くの誤りを含んでいることが判明した。ハイゼンベルクやシュレディンガーの理論とどのようにつながるかを示して、はじめて理解可能になる模型であり、これだけを学生に教えるのは無意味である。

物理学の本道から逸れたとしか言いようのないこれらの内容は、本書では取り上げない。

(5) 単位や物理定数の定義にこだわった

高校物理でしばしば問題になるのが、電磁気学における単位の扱いである。世界的には、MKSA単位系に基づく実用単位（SI単位）が標準的であり、教科書でもこの単位が採用される。しかし、実用単位と呼ばれる通り、この単位は、電気回路で利用されるアンペアやボルトなどが使えることが唯一のメリットだろう。理論的には、あちこちに余分な係数が現れるため、実に不便である。

特に、真空の誘電率（電気定数）、真空の透磁率（磁気定数）という真空とは何の関係もない係数が使われるせいで、式の見通しがひどく悪い。

実用単位を使うと、磁場の強さとは別に磁束密度という物理量が現れる。ただし、この2つの違いは、磁化をどう定義するかに関わるものであって、磁化を扱わない高校物理では区別する必要がない。理論的には、$\vec{E}$（電場）と $\vec{B}$（磁束密度）、$\vec{D}$（電束密度）と $\vec{H}$（磁場）が対応するので、磁束密度という概念そのものが混乱の種となる。

物理定数については、測定によって値を決定すべき量か、単なる換算係数で誤差のない定義を与えられる量かを明確に示すようにした。

近年、国際度量衡総会による単位の再定義が進められている。1980年代に決められた光速に続いて、2019年には、プランク定数、ボルツマン定数、アドガドロ定数、電気素量が誤差のない定義定数であると決議された。第3章の【ケーススタディ】に記したキログラムの定義は、この決議を受けた内容であり、他と比べて分量が多いのは、その重要性を鑑みてのことである。

(6) エネルギーを最重要項目として扱った

高校物理で一つの目標となるのは、エネルギー保存則をきちんと理解することである。本書は、その観点から、通常の教科書よりもエネルギーに関する説明を増やしておいた。

なぜエネルギーが重要なのか？ 実は、エネルギーとは、物理学の構成そのものに深く関係する物理量であり、今後新しい理論が提案されたとしても、エネルギー保存則が根本から書き換えられることはないだろう（部分的になら、すでにかなり書き換えられているが）。

「エネルギーとは何か」という問いに対しては、本文では解答しない。力学や電磁気学など、それぞれの分野で個別的にエネルギーを定義するが、「エネルギーはどんな場合でも保存するのか」については、終章で改めて論じることにする。

頻繁に使う近似式

本書では、微積分を（本文で）使用しないが、それに代わる便宜的な手法として、次の近似をたびたび利用した。

$$\frac{1}{1-x}=1+x+x^2+x^3+\cdots\approx 1+x \qquad (|x|\ll 1)$$ ※

$$\frac{1}{(1-x)^2}=1+2x+3x^2+4x^3+\cdots\approx 1+2x \quad (|x|\ll 1)$$

より一般的には、次の近似が成り立つ。本文中では、この式を引用するだけにした。

$$\frac{1}{(1-x)^n}\approx 1+nx \quad (|x|\ll 1) \tag{A}$$

ここで、$n=+1/2,\ -1/2$ と置くことにより、次の近似式も導ける。

$$\frac{1}{\sqrt{1-x}}\approx 1+\frac{1}{2}x \quad (|x|\ll 1)$$

$$\sqrt{1-x}\approx 1-\frac{1}{2}x \qquad (|x|\ll 1)$$

微分を知っている人なら、これらの近似式は、次のテイラー展開を使って導けるだろう。

$$f(x)=\sum_{k=0}^{\infty}\frac{f^{(k)}(0)}{k!}x^k$$

※ 「≈」は「左辺と右辺がほぼ等しい」、「≪」は「左辺が右辺より極めて小さい」ことを意味する。

目次

第4章

熱力学 ― 統計力学への入り口 163

終章

― エネルギーとは何であり、なぜ保存するのか 215

第1章 力学

重力による運動

近代物理学はガリレオに始まると言われるが、その理由は何か。彼の最大の業績である「放り投げた物体の軌道はパラボラ[※1]になる」という主張を見てみよう。

放物体の軌道を明らかにすることは、「投石や砲弾で相手にダメージを与えるには、どんな角度で打ち出せばよいか」という実用的な問題と直結するため、古来から真剣に研究されてきたが、簡単には解明できなかった。打ち出された砲弾は、はじめのうちは勢いよく飛んでいくものの、しだいに失速し、あるところから急激に落下するという複雑な軌道を描く。また、花びらや羽毛のような軽い物体は、重い物体とは明らかに異質で、舞い踊るような動きを示す。ガリレオ以前の科学者は、放物運動の軌道を数式で表すことは諦め、「物体は地球の中心に向かう性質がある」とか「重い物体は軽い物体よりも早く落下する」といった一般的な説明を加えるにとどめた。

ガリレオは、こうした状況を打開するため、当時としてはきわめて精度の高い実験を行った。ただし、実験で得られたデータを厳密に再現する理論を構築したわけではない。データを基礎的な法則で表される部分とそれ以外の部分に切り分け、**現実には実現されない理念的なもの**として放物運動の理論を作り上げた。このやり方こそが、近代的な科学の方法論なのである。

本章では、ガリレオによる放物運動の理論と、それを一般的な物理法則に取り込んで力学体系を完成したニュートンの理論を中心に、近代物理学の特徴を見ていく。

1-1 重力と放物運動

アリストテレスに代表される古代の科学者・哲学者は、「動くか動かないか」という区別を重視した。彼らの見方によれば、物体にとって最も自然なのは静

※1　数学で「放物線」と呼ばれるものだが、「放り投げた物体が放物線を描く」だとトートロジーのように聞こえるので、本書では、英語の**parabola**をそのままパラボラと記す。**2**次関数$f(x)$を用いて$y = f(x)$で表されるグラフの形状、離心率が**1**の**2**次曲線、あるいは、円錐を母線に平行な平面で切ったときの切断面と同じものである。

止した状態であり、力が加わらないと自ずと静止に向かう。当時の力学は、資材の運搬や建物の構築といった実用的な問題を扱うものであり、釣り合いが破れて動き始めるときの条件を求めることが最重要課題だった。それだけに、「動くか動かないか」に注目するのは当然だったとも言える。

これに対して、ガリレオは、天体や振り子、放物体など、動く物体がどのような法則に従うかに興味を持った。そこで注目したのが「速度の変化」である。

斜面での加速度運動

地表近くにある物体は、支えがなければ地球の中心に向かって落下する。この運動をもたらすのが重力である。ちなみに、重力を意味する英語の gravity（あるいは、フランス語の gravité やイタリア語の gravità）は、grave（墓）などと同じく「重い」という意味のラテン語 gravis から派生した語で、もともとは重大さや厳粛さを意味する。ニュートンの理論が現れるまで、重力は力ではなく、地球の中心を志向する物質固有の性質と見なされていた。

落下する物体がどんどんと速度を増すことは、注意深く観察すればすぐにわかるが、ガリレオは、さらに速度が変化する割合を突き止めようとした。

当時は、まだ正確な時計が発明されておらず、時間経過は、容器から細い管を通って流れ出す水の量をもとに測定するしかなかった。当然のことながら誤差が大きく、そのままでは速度が増加する割合を求めることは難しい。ガリレオは、緩やかな斜面で球体を転がすことによって、自由落下よりもゆっくりした運動を扱うことにした（**図1-1**）。自由落下で1メートル落ちるのには0.5秒もかからないが、傾斜角5度の斜面ならば、1メートル進むのに1.5秒を要する。そこで、幅1～2センチの溝がまっすぐに掘られた角材を水平な台の上に傾けて置き、溝に沿って（主にブロンズ製の）球体を転がすようにした。

ガリレオの時代には、速度そのものを測定することができなかったため、斜面で加速された球体を水平方向に打ち出し到達距離を調べることで、間接的に速度を求めた。しかし、ここでは、議論を簡潔にするために、物体の速度変化が直接測定できるものとしよう。

どんな物体でも、運動中の任意の瞬間に、基準（通常は大地に固定された座

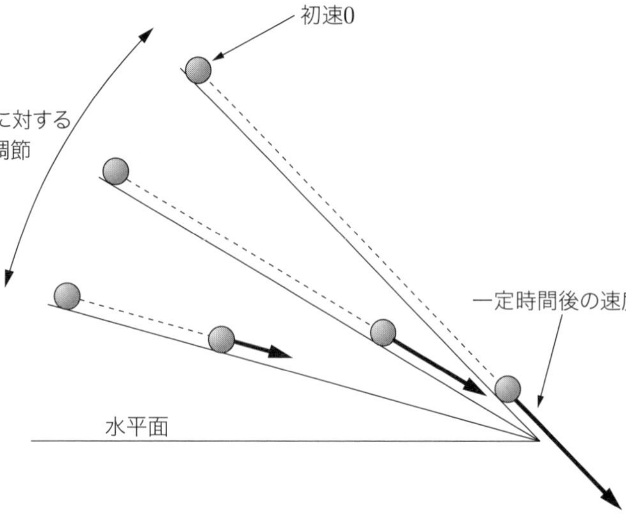

図 1-1　斜面上の物体の運動

標系）に対する速度が定義できる。例えば、自動車では、刻々と変化する速度の値が速度計に表示される。スリップしていなければ、この数値は、道路という基準に対する速度を表す。速度を測定する方法はいろいろあるが、現在では、ドップラーレーダー※2のような精密測定装置が開発されている。

速度 0 の状態から斜面を転がり始める物体の場合、経過時間 t と速度 v の関係を測定すると、**図1-2** のグラフのようになる。ガリレオは、間接的な手法を使って回り道したものの、同様の結果を得たはずである。速度変化の特徴は、次の 3 点にまとめられる。

1. 速度は、時間とともに直線的に増加する。時間に対する速度の増加率は加速度と呼ばれるが、時間と速度のグラフが直線になることは、加速度一定の「等加速度運動」であることを意味する。
2. 斜面の傾斜角が同じならば、加速度の値（時間に対する速度のグラフの傾き）は、転がる物質の種類によらない。ガリレオは、木製とブロンズ製の球体を使って実験を行い、同じ距離を移動する時間の違いが（ほと

※**2**　ドップラーレーダーとは、測定対象にマイクロ波や超音波などの波を照射し、反射された波の振動数変化を観測することで速度を求める装置。その原理は、第 **3** 章 **3-1** 節で解説する。大気中の水滴の動きから風速・風向を測定する気象観測用レーダーのほか、自動車の衝突防止装置や見守りセンサーに組み込まれている。

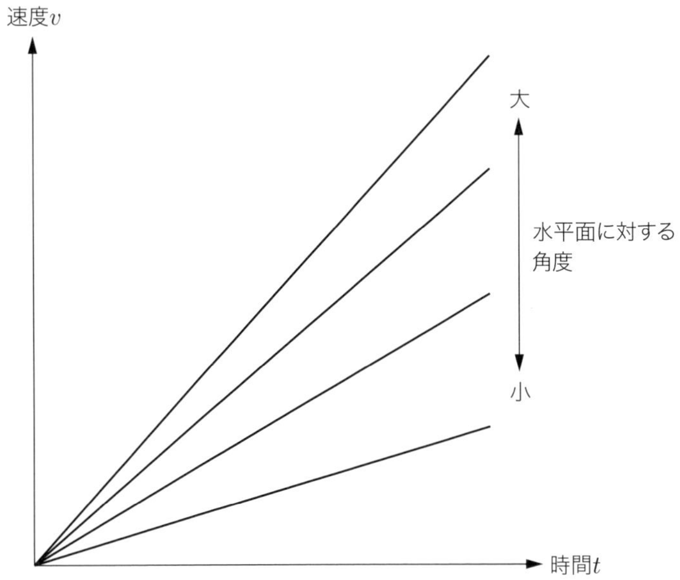

図1-2 斜面上の運動における速度変化

んど）ないことを見出した。

3. 斜面の傾斜角が増えると、加速度は大きくなる。ただし、どこまでも大きくなるのではなく、傾斜角が90度に近づくにつれて、ある値に漸近する。逆に、傾斜角が0度に近づくと、加速度もゼロに漸近する。

以上のデータをもとに、斜面上での運動の特徴を整理しよう。

等加速度運動

ガリレオの理論によると、斜面を転がる（または摩擦なしに滑る）物体は、等加速度運動をする。初速0、加速度 a の等加速度運動の場合、速度 v と時間 t のグラフが原点を通る直線になることから、

$$v = at$$

という簡単な関係式が成り立つ。時間 t は秒、速度 v はメートル毎秒という単位で表されるので、加速度 a の単位はメートル毎秒毎秒になる。

速度が一定の割合で増加するとき、移動距離は、平均速度と時間の積になる。等加速度運動で速度が0から at まで変化するときの平均速度は $at/2$ なので、平均速度の t 倍が移動距離 x に等しいと置いて、次式が得られる（積分を知っている人は、速度を積分して移動距離を求めてほしい）。

$$x = \frac{1}{2}at^2 = \frac{v^2}{2a}$$

ガリレオは、1609年頃に斜面を用いた実験によって移動距離が速度の2乗に比例するという関係を見出し、それまで抱いていた「移動距離は速度に比例する」というアイデアを捨てて、重力による等加速度運動の理論に到達した。

初速が0でなく V の場合、速度 v と移動距離 x は、等加速度運動の式に速度 V の等速度運動の寄与を加えた式になる。

$$\text{速度 } v = at + V \tag{1.1a}$$

$$\text{移動距離 } x = \frac{1}{2}at^2 + Vt \tag{1.1b}$$

重力による運動の加速度は、気温や風向きのように日々変化することはない。ニュートンの理論によって、こうした加速度の値が地球の質量と重心からの距離によって決まる量だと判明する。地球はきわめて巨大なので、隕石が降り注いだり水素などの気体が宇宙空間に漏出したりしても、質量の増減は無視できるほど小さく、地表での加速度も変化しない。しかし、ガリレオの時代には、運動中に加速度が一定になることを示す理論的な根拠はなく、大きな誤差を伴うデータを基に推測するしかなかった。

厳格に考えると、ガリレオが手にしたデータから、重力による運動が等加速度だと結論するのは無理がある。速度の増加が時間とともに直線的に増加するように見えるのは、実験した範囲が狭いせいかもしれない。もう少し長く測定を続ければ、速度と時間のグラフは曲線になった可能性もある。

実際、重力による運動を精密に測定すると、速度変化のグラフは、**図1-3**に

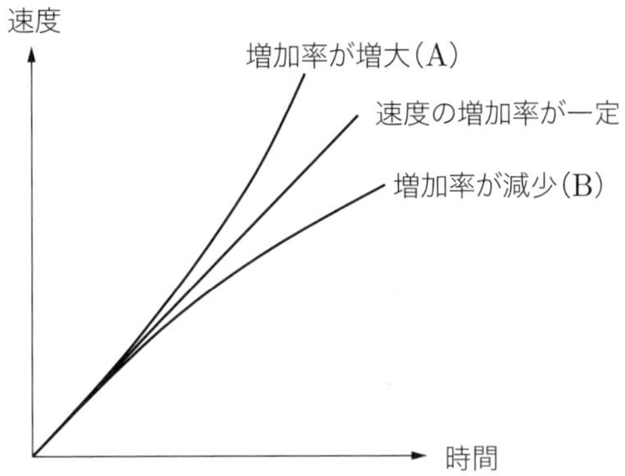

図 1-3 速度の増加率が変動するケース

示した2つのカーブのいずれかになる。地球周辺の重力は、高度が増すにつれて小さくなる。したがって、高高度から物体を落とした場合、当初の加速度は小さく、高度が低くなるにつれて急加速され、**図1-3**(A)のようなカーブになる※3。一方、空気の抵抗が無視できない場合は、落下速度が増加するにつれて抵抗が増すため、**図1-3**(B)のように速度の増え方が小さくなる。最終的には、終端速度と呼ばれる一定の速度に到達する。

このように、現実の運動では、加速度は必ずしも一定にならない。しかし、ガリレオは、あえて等加速度という考えにこだわり、空気抵抗がないと落下の加速度は一定になるはずだと主張したのである。風車や帆船が実用化されていたので、空気が物体の動きに影響を及ぼすことはよく知られていたが、多くの科学者は、空気は地上の隅々にまで行き渡ると信じており、「空気がないとどうなるか」とは考えなかった。ちなみに、ガリレオの弟子であるトリチェリが人工的に真空(空気のほとんどない状態)を作る実験に成功したのは、ガリレオの死の翌年である。

真空中における落下の加速度は重力加速度と呼ばれ、一般に記号 g で表される。空気抵抗がない場合でも、重力加速度は場所によってわずかに異なる。重力源である地球から離れると重力が弱くなるので、標高が高いほど重力加速度は小さい。また、落下の加速度には、重力以外に地球が自転することによる

※3　こうした急加速は、地球では観測しにくいが、高密度天体にガスが流入するときにはふつうに見られる現象である。例えば、ブラックホールに周辺からガスが渦巻きながら流入する場合、接近するにつれてガスを構成する原子が急加速され、摩擦によって高温になり電磁波を放射し始める。ブラックホール自体は光すら放出しない真っ暗な天体だが、周辺のガスから放出される電磁波をキャッチすることで、ぼんやりとした輝きの中心部にぽっかりと黒い穴が開いたような画像を撮影することができる(**2019**年に最初の撮影に成功)。

遠心力の効果も加わっており、その影響で、赤道上では極地よりも落下の加速度が0.5パーセントほど小さい。

厳密な議論では、9.8066メートル毎秒毎秒（緯度45度の平均海面上における落下の加速度と等しい値）を標準重力加速度とし、必要に応じて、各地点における実際の重力加速度との違いを補正する。1パーセント以下の誤差が許容される場合は、地表付近の重力加速度 g として、9.8メートル毎秒毎秒という値を用いることが多い。

落下加速度の斉一性

「羽毛よりも石の方が早く落ちる」ことは昔から知られていたが、これは、「重い（あるいは比重の大きい）物体はより早く落下する」という法則の現れなのか、あるいは、別の説明が可能なのか、見解が分かれていた。そうした中で、ガリレオは、空気抵抗を無視して重力の作用だけを考えた場合、物質の種類によらず同じ加速度で落下すると主張した。

ここで興味深いのは、ガリレオが、実験データを忠実に再現する法則を主張したわけではない点である。自由落下の実験を行った際に、物体の比重が違うと、落下速度にわずかな差が生じることに気がついていた。ガリレオがピサの斜塔から異なる素材の物体を同時に落とし、落下速度に差がないことを実証した―というのは、後世の作り話だというのが定説だが、もし公開実験を行っていたら、比重の大きい物体が早く着地することが示され、その解釈を巡って議論が紛糾していただろう。彼は、実験装置の制作や調整に直接関与しており、「転がる物体はできるだけ球に近い方がよい」とか、「表面を磨いた羊皮紙を溝に貼って摩擦を小さくする」といった注意書きを残している。自分で実験を行った経験をもとに、基礎法則が単純であっても、物体の形状や摩擦・空気抵抗などのさまざまな要因が絡むことで、現象が複雑に変化することを実感していたようだ。

斜面の傾斜角が同じならば、転がる物体のゆがみをなくし摩擦を小さくするほど、加速度は同じ値に近づく。こうした傾向から、ガリレオは、もし摩擦や空気抵抗がなくなったら、素材によらずに同じ加速度になるはずだと判断したのである※4。彼は、若い頃、アルキメデスやユークリッドの書物を愛読していた。「宇宙は数学の言葉で書かれている」という名言を残しており、現象の根底には単純な数式で表される法則があるという信念を持っていたようだ。

こうしたガリレオの方法論は、科学の基本である。最も非科学的な態度は、複雑な現象を言葉だけで説明することだろう。「物体は地球の中心に引き寄せられる」「運動は静止に向かう」といった説明は、いかにももっともらしいが、そこから有用性の高い主張を導くことは難しい。科学的な手法とは、まずデータを説明するための単純な法則を考案し、これを複雑な現象に当てはめてみて、「理論とデータが一致するか」「一致するための条件はあるのか」「一致しないならそれはなぜか」を考えることである。

近年、AI（人工知能）にビッグデータを分析させて規則性を発見するという手法が流行している。しかし、AIが行うのは、単なるパターン分析でしかない。科学的な研究では、データと厳密に一致するかどうかに拘泥せず、単純な法則を洞察することの方が重要である。こうした洞察ができるのが、AIとは異なる人間の強みである。

もっとも、ガリレオは、空気抵抗や摩擦の効果を取り入れた補正を論じることまではできなかった。半世紀後のニュートンは、3部からなる主著『プリンキピア』（1687年出版）の第2部全てを「抵抗のある媒質中での運動」に当てたが、ニュートンの天才をもってしても、ごく簡単なケースしか理論的な予想が立てられなかった。

理論に限界があることは、現在でも同様である。気体や液体などの流体内部を運動する物体にどのような力が加わるかは、表面のわずかな凹凸や素材の違いによって変動するので、たとえスーパーコンピュータを使っても、完璧な計算を行うことはできない。流体内部の運動物体に加わる力については、第4章4-1節で簡単に触れる。

成分分解

斜面上で転がる物体の運動を検討する過程で、ガリレオはごく自然に、斜面に垂直な成分と平行な成分に分ける手法を身につける。こうした運動の場合、

※4　このことは、ガリレオ・ガリレイ著『新科学対話　下』（岩波文庫、今野武雄・日田節次訳）**p.158-165** で議論され、樫や鉛、石の球体を同じ高さから同時に落下させたとき、着地する時刻の差がごくわずかだと記されている。ただし、具体的な数値があまり記載されていないことから、ガリレオ自身の実験ではなく、他人の実験を引用しただけのようだ。

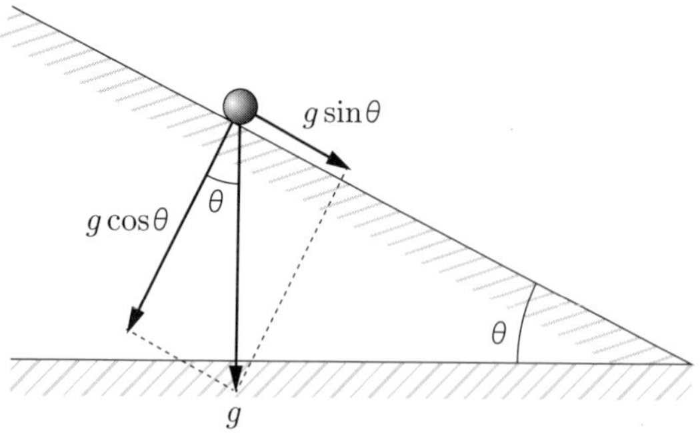

図1-4　重力加速度の成分分解

物体は斜面から離れないので、垂直方向の速度はゼロとなる。一方、斜面に平行な速度成分がどうなるかは、傾斜角によって異なる。傾斜角が90度の場合は、重力による自由落下と同じであり、このときの加速度は重力加速度 g と一致する。傾斜角が90度未満ならば、重力作用が物体を斜面に押しつける成分と引きずり下ろす成分に分かれるため、平行方向の加速度は g よりも小さくなる。

ガリレオは加速度の式を表記しなかったが、ニュートンは、ベクトルの成分分解の手法を使って求めた[※5]。ベクトルとは、速度や加速度のように大きさと向きを持つ量で、矢印を使って表せる。成分分解とは、この矢印を対角線とする平行四辺形を作図すると、その2辺の向きと長さが分解されたベクトルを表すというもの。

水平方向に対する傾斜角が θ の場合、重力の作用で斜面を転がるときの加速度は、**図1-4** に示すように、重力加速度 g の斜面方向の成分である $g\sin\theta$ と等しい。$g\sin\theta$ の値は、θ が90度のとき g と等しく、θ が0度の水平面では0となる。

放物運動

「放物運動の軌道は複雑な曲線となり、簡単な数式で表すことができない」というのが、ルネサンス期までの一般的な考え方だった。これに対して、ガリ

※**5**　成分分解の手法は、力の釣り合いに関してなら古代から知られていたが、ニュートンは、これを運動を含むケースにまで拡張した。ただし、物理学的に厳密なことを言えば、重力の作用がベクトルであることは自明でない。それどころか、アインシュタインの一般相対論によって、重力がベクトルではなく**4**次元の世界におけるテンソルと呼ばれる量だと判明している。図**1-4**で示した重力加速度の成分分解は、あくまでニュートンの理論を前提とした近似でしかない。

レオは、常に鉛直※6下向きに一定の加速度をもたらす重力の作用と、複雑な動きの要因となる空気抵抗の影響を分離し、「空気抵抗が存在しないと仮定したときの放物運動」を考えることにした。

放物運動の具体的な式を求めよう。鉛直方向に y 軸を取った場合、運動の鉛直成分は、下向きに重力加速度 g の等加速度運動となる。鉛直方向の座標は一般に上向きを正と定義するので、重力加速度にはマイナス符号を付ける。また、初速の鉛直成分は V_y とする。(1.1)式を用いると、物体の y 座標は次式になる。

$$y = -\frac{1}{2}gt^2 + V_y t \tag{1.2}$$

重力は鉛直方向にのみ作用するので、放物運動の水平成分に重力の加速度は現れない。加速度がないので、水平成分に関しては、等速度運動になると考えられる。したがって、水平方向に x 軸を取り、初速の水平成分を V_x とすると、物体の x 座標は次式で表される。

$$x = V_x t \tag{1.3}$$

(1.2)式と(1.3)式から時間 t を消去すると、次のような x と y の関係式を得る。

$$y = \left(-\frac{g}{2V_x^2}\right)x^2 + \left(\frac{V_y}{V_x}\right)x \tag{1.4}$$

y が x の2次式で表されることから、放物運動の軌道はパラボラ（放物線）になる（**図1-5**）。

ケーススタディ　月面での放物運動

地球上では空気抵抗の影響が大きく、放物運動は理論どおりにならない。しかし、空気のない月面では、ガリレオが想定した運動が実現されるはずである。

1971年、アポロ15号のスコット船長は、月面から市民向けの宇宙授業を行い、羽根とハンマーを同時に放して、どちらも同じように落下することを示

※6　重力が作用する方向を、「鉛のおもりが真っ直ぐに垂れ下がる向き」という意味で、鉛直方向という。鉛直方向に垂直なのが、平らな水面に沿った水平方向である。

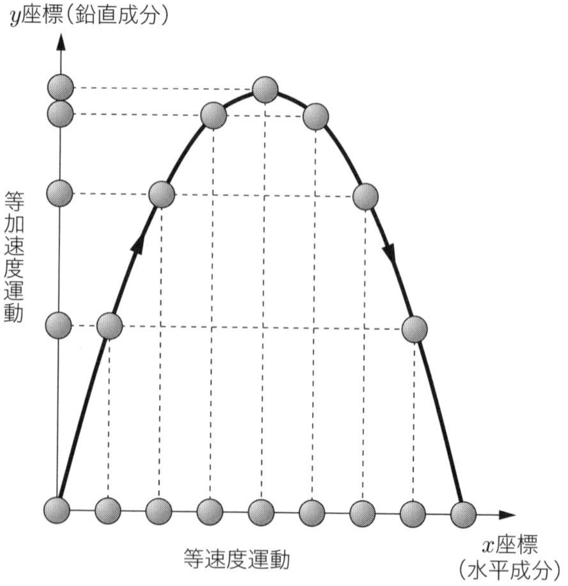

図1-5　放物運動の軌跡

した。月の重力は地球の1/6なので、落下スピードはかなりゆっくりしている。

月面での宇宙飛行士の活動を撮影した映像は、まるで2倍速で撮影したスローモーションのように見えるが、これは、放物運動の式に月面での重力加速度として $g/6$ を代入すると、

$$-\frac{1}{2}\left(\frac{g}{6}\right)t^2 \approx -\frac{1}{2}g\left(\frac{t}{2.45}\right)^2$$

となり、同じ距離を落下するのに要する時間が、月では地球の2.45倍になるからである。

ただし、月面活動の映像を注意深く観察すれば、地球上で撮影したスローモーションの映像ではないとわかる。足で蹴って砂を飛ばすシーンでは、地球上で同程度の蹴りを行ったときよりも、砂が高く舞い上がり遠くまで飛んでいる。これは、重力が小さく上昇しやすいことと、空気抵抗がないので途中で失速しないことの現れである。砂粒の動きは必ずしもはっきり見えないが、きれいな

パラボラを描いているはずである。月面活動の映像は数多く公開されているので、目を凝らして確認していただきたい。

慣性の法則

ガリレオによる放物運動の理論で最も重要なのは、水平成分が一定速度での運動になるという指摘である。斜面上での運動の場合、傾斜角を0度にする極限で理論上は加速度がゼロになり、一定速度での運動が持続するという結果が導かれる。ガリレオは、この結果を放物運動の水平成分に拡張したわけである。ニュートンは、これをさらに拡張し、「加速度をもたらす作用が存在しないとき、物体は同じ速度で運動を続ける」という「慣性の法則」を提唱した。

慣性の法則は、身の回りの常識とは食い違う。われわれの周囲に、いつまでも運動を持続させられるものなど存在しない。水面や氷上をなめらかに移動する物体は、ほぼ一定の速度でかなり長く動き続けるが、それでもいつかは停止する。アリストテレスは、こうした観察に基づいて、力を加え続けなければ物体は静止に向かうと主張した。また、デカルトやライプニッツは、物体が動き続けるためには“活力”が注入されなければならず、これが失われると物体は動きを止めると考えた。静止こそが最も自然な状態だと信じられたからである。

地球上では、大地に対する摩擦が存在するため、物体を動かすには何らかの作用を及ぼす必要がある。燃料を供給してエンジンを稼働させなければ、自動車は走らない。人工物だけではない。太陽から熱が供給されないと、雲や雨も生じず海は凍てつく。「力が作用しなければ、物体は静止に向かう」という考え方は、地球上では当然の発想である。

しかし、宇宙のスケールからすると、地球は実にちっぽけである。地球の直径はわずか1万3000キロメートル。太陽に最も近い恒星であるケンタウルス座プロキシマまでの距離は40兆キロメートル（4.2光年）もあるため、地球などは、広大な宇宙空間に浮かぶ塵芥のようなものである。この塵芥にへばりついて生きる人間にとっての常識は、宇宙からすると非常識である。

スペースシャトルや国際宇宙ステーションからの映像では、すべての物体がフワフワと漂い、指でつつくとどこまでも動いていく光景が見られる。宇宙に出ると、物体を静止させる方が難しい。差し渡しが10万光年以上もある天の川銀河ですら、じっとしていない。宇宙空間を漂いながらアンドロメダ銀河に接近しつつあり、数十億年後には衝突して連続的な超新星爆発を引き起こすと予想される。宇宙空間に存在する物体は、どれも静止することなく運動を続ける。

慣性の法則は、実は、より根源的な原理の現れである。周囲に何もない漆黒の宇宙空間に放り出されることを想像していただきたい。無重力空間にフワフワと浮かぶ自分は、果たして動いているか止まっているか。大地のような基準が存在しない場合、動と静の判別はきわめて困難なはずである。この困難さが原理的なものであり、いかなる手段をもってしても「動いているか否か」を判別できないというのが、アインシュタインの「相対性原理」である。彼は、この原理を前提とする相対性理論を構築して時間と空間の概念を変革した[※7]。

慣性の法則とは、こうした時間・空間概念の変革につながるアイデアなのである。

1-2 ニュートンの重力理論

ガリレオは地上での実験に基づいて放物運動の法則にたどり着いたが、地球やそのほかの惑星がどのような法則に従って運動するかは、彼の理解を超えていた。

アリストテレスの時代には、天上と地上ではまったく異なる運動法則に従うと考えられていた。地上の物体は、力を加えなければ静止する。しかし、天体は、太陽も惑星も月も、すべて円運動を続けるように見える。天上の物体は、地上の物体とは異なり、幾何学的な秩序によって等速円運動すると考えられていた。

こうした状況が変わるのは、17世紀に入ってからである。太陽を周回する惑星運動に関する正確な観測データが集まり、ケプラーによる3法則が提唱された。これによって、数学的な議論を基に天上の運動と地上の運動を結びつけることが可能になったのである。

※7　ニュートンによって一般化された慣性の法則は、運動方程式で記述される力学現象の範囲で運動と静止の絶対的な区別ができないことを意味する。この性質は、しばしば「ガリレオの相対性原理」と呼ばれる。これに対して、電磁気を含むいかなる現象を使っても、原理的に区別ができないという主張が「アインシュタインの相対性原理」である。後者の主張が成り立つためには、時間と空間が一体化して4次元の「時空」となることが必要である。

ケプラーの法則

ガリレオより7歳年下のケプラーは、ティコ・ブラーエが肉眼を用いて1601年までに観測したデータをもとに、惑星運動に関する3法則をまとめた。ティコは、地球の周りを太陽と月が回り、惑星は太陽の周りを回るという形での天動説を信じていたが、ケプラーは、地球を含む惑星が太陽の周りを回ることを正しく認識していた。さらに、火星のデータに基づいて、惑星軌道が円ではなく楕円であること、速度が太陽との位置関係に応じて変化することも見出した。

ケプラーの法則は、次の3つにまとめられる（**図1-6** 参照）。

第1法則：惑星は太陽を焦点とする楕円軌道を描く

第2法則：惑星と太陽を結ぶ線分が単位時間に掃く面積（面積速度）は一定である

第3法則：惑星の公転周期の2乗は軌道長半径の3乗に比例する

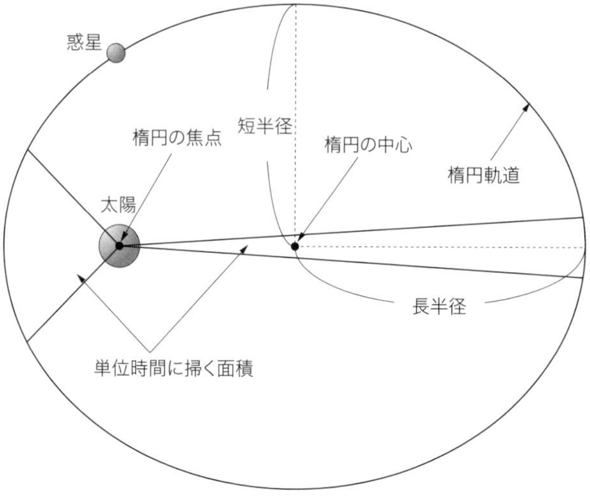

図1-6 ケプラーの法則

ケプラーの業績がいかに驚異的であるかは、彼の手にしたデータが、それ自体が動く地球から見たときの惑星の方向でしかないことを考えれば理解できるだろう。彼は、予備的な計算で予想された面積速度一定の法則を前提とし、その上で、さまざまな曲線を仮定しては、理論的に予想される方向と観測データが一致するかどうかを網羅的に調べることで、楕円軌道の法則に到達した。

太陽系の惑星は、円に近い軌道を描いているので、17 世紀になるまで軌道が楕円であることに気づかれなかった（火星の場合、短半径は長半径より 0.4% 短いだけである）。現在では、長周期彗星のように極端に細長い楕円軌道を描く天体が、数多く発見されている。こうした天体は、太陽に近づくにつれ第 2 法則に従って大幅にスピードアップする。例えば、約 75 年周期で地球に接近するハレー彗星の場合、金星軌道の内側にある近日点付近では、海王星軌道以遠になる遠日点に比べて、公転運動の速度が 60 倍ほどになる。

太陽に近づくと惑星の速さが（わずかに）増すことから、ケプラーは、惑星が太陽から何らかの作用を受けて運動すると推測したが、具体的にどのような作用かは明らかにできなかった。

月とリンゴ

17 世紀初頭に望遠鏡による天体観測が始まると、ガリレオが発見した木星の 4 つの衛星など、地球の月以外にも、円に近い軌道を描いて惑星の周囲を回る衛星が存在することが明らかになった。このことは、惑星の公転が太陽に備わった特別な能力によるのではなく、恒星（太陽）・惑星・衛星を含むすべての天体が統一的な力学法則に従っているという見方を示唆する。

それでは、こうした天体運動の法則は、地上の運動法則と関係があるのだろうか。ガリレオは、複雑すぎて数式では表せないと思われていた放物運動が、空気さえなければ単純なパラボラ（放物線）を描くことを示した。一方、ケプラーの法則に現れる楕円は、次式で表される（座標原点を中心とし、楕円の 2 軸を x 軸・y 軸方向にとった場合の式で、α を長半径、β を短半径とする）。

$$\frac{x^2}{\alpha^2}+\frac{y^2}{\beta^2}=1 \quad (\alpha \geqq \beta > 0) \tag{1.5}$$

楕円（(1.5)式）とパラボラ（(1.4)式）は、どちらも2次式で表されるという点で、数学的に密接な関係がある。天体運動と放物運動を結びつけて論じるには、この数学的な関係を解きほぐす必要がある。それを実行できたのが、卓越した数学の才能を持つニュートンである。

リンゴが木から落ちるのを見てニュートンが万有引力の法則を着想したというのは、確かな証拠のない伝説だが、しばしば訪れた近所の果樹園にリンゴの木があったというのは事実であり、「リンゴは地面に落ちるのに、なぜ月は落ちてこないのか」と自問したのでは…などと想像するのは楽しい。

リンゴと月の落下を比較するために、次のような「思考実験」を行おう。思考実験とは、実際に実験するのではなく、論理的な推論に基づいて実験結果を予想し、そこから新たな理論を構想する試みである。科学を進歩させるためには、思考実験が欠かせない。

地表より少し高い塔から、水平方向に物体（ここではリンゴと言っておこう）を打ち出すことを考える。このとき、打ち出す際の初速が小さいと、塔の近くに落下する。初速を大きくするにつれて、落下地点は塔から離れる（**図1-7**）。それでは、初速を充分に大きくした場合、打ち出したリンゴが地球を一周して、同じ高さの地点に戻ってくることがあるだろうか？

図1-7　地表付近での物体の打ち出し

この実験を実際に行うのは、不可能である。それほどの高速で打ち出すことは難しい、地表には凹凸があって途中でぶつかってしまう—などの問題があるが、最大の障害は、空気の抵抗である。思考実験に際しては、空気が存在せず、ガリレオが考えたように、水平方向に等速運動すると仮定する。また、地球は自転していない完全な球体とする。

ガリレオの理論では、放物運動の軌道はパラボラになるが、これは、大地が平坦だと仮定したときの結果である。大地が球形である場合は、鉛直方向が刻々と変わるので、パラボラにはならない。もし塔から打ち出したリンゴの軌道が大地の表面と同じカーブを描くならば、地球中心からの距離が一定になって軌道は円になる。そのための条件を求めてみよう。

地球の半径を R 、打ち出すときの速度を v としよう。水平方向に距離 x だけ進んだとき、鉛直方向の落下距離が h になるとする。ただし、 R に比べて x は充分に小さく、鉛直の向きが変化することは無視できるとする。 h は、速度 v で距離 x を移動するのに要する時間 $t = x/v$ の間に重力加速度 g で落下する距離なので、近似的に次の式で表される。

$$\text{落下距離}\ h = \frac{1}{2}gt^2 = \frac{gx^2}{2v^2} \tag{1.6}$$

このとき、リンゴが地表面の曲がり方と同じ軌道を描くには、円の幾何学的な関係から、 h が次の条件を満たさなければならない（**図1-8**）。

$$\text{円における高さの差}\ h = R - \sqrt{R^2 - x^2} \approx \frac{x^2}{2R} \tag{1.7}$$

ここで、ϵ が小さい場合に適用できる次の近似式を利用した（この近似式は、「はじめに」の（A）およびその周辺の式で示しておいた）。

$$\sqrt{1-\epsilon} \approx 1 - \frac{\epsilon}{2}$$

h を表す(1.6)と(1.7)の 2 式は、いずれも x が R に比べて充分に小さい場合の近似だが、この条件が満たされているとすると、重力加速度 g として、次の式が得られる。

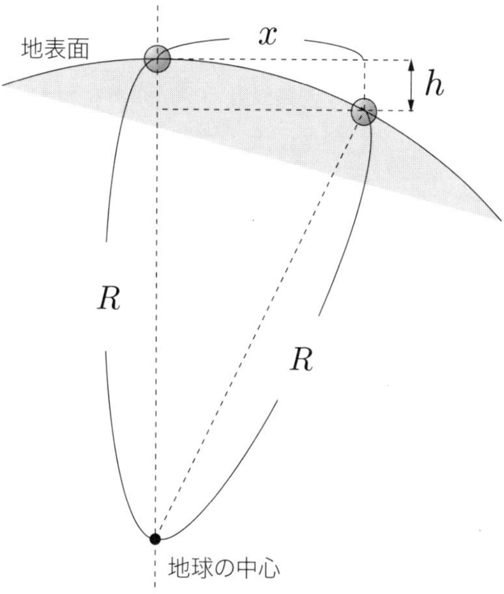

図 1-8 地表面の曲がり方

$$\text{重力加速度 } g = \frac{v^2}{R} \tag{1.8}$$

(1.8)式に、地表での重力加速度 $g = 9.8$ メートル毎秒毎秒と、地球の半径 $R = 6400$ キロメートルを代入すると、 v が計算できる。

$$\text{地表付近で円運動を行うための速度 } v = \sqrt{gR} \approx \sqrt{9.8 \times 6.4 \times 10^6} = 7900[\mathrm{m/s}]$$

秒速 7.9 キロメートルでリンゴを水平方向に打ち出せば、水平移動しながら落下するときの曲率（曲がり方の割合）が地表面と等しくなる。重力の作用は常に鉛直方向にしか働かないので、空気抵抗がないとすると水平方向の速度は変化せず、「秒速 7.9 キロメートルで水平方向に動く」という状況は保たれる。したがって、いつまでも地表面と同じ曲がり方で進み続け、地球の周りを円運動できる。

月軌道上の加速度

月が地球の周りを回るのは、「天体は幾何学的秩序に従う」といった理由によるのではなく、リンゴの落下運動と同じ力学的な法則に従った結果ではないだろうか。そこで、月の公転運動に関しても、(1.8)式が成り立つかどうかを調べてみよう。

現在の観測データを用いると、月の公転半径 R' は 38 万 4000 キロメートルで、地球半径の約 60 倍である。月が公転するときの速さは、月軌道 1 周の長さ（$2\pi R'$）を公転周期 27.3 日（月の満ち欠けの周期 29.5 日と異なるのは、地球が太陽の周りを公転しているから）で割って求められる。

$$\text{月の公転速度 } v = \frac{2 \times 3.14 \times 3.84 \times 10^8}{27.3 \times 24 \times 60 \times 60} = 1020[\text{m/s}]$$

月が円運動する速さは、地表付近で円運動するリンゴに比べて約 8 分の 1（正確には（7.9/1.02）分の 1）であり、その 2 乗はリンゴの 60 分の 1 と計算できる。したがって、月に関して(1.8)式を立てると、分数の分母はリンゴの 60 倍、分子は 60 分の 1 となる。分母と分子の寄与を合わせると、(1.8)式を満たす重力加速度 g' は、地表付近に比べて（60 の 2 乗）分の 1 程度になる。月軌道における重力加速度がこの値ならば、月は、地表付近のリンゴと同じように、落下しながら水平方向に運動することで、地球の周りを円運動できる。

ここで、60 の 2 乗という数値が出てきたことに注目していただきたい。地球中心からの距離で比較すると、月は地表面近くのリンゴに比べて、60 倍遠方にある[※8]。距離が 60 倍になることと、重力加速度が（60 の 2 乗）分の 1 になることの間には、何らかの関係があると考えるのが自然である。

ケプラー第 3 法則の導出

リンゴの落下と月の公転、そして、太陽の周囲での惑星の公転―これらすべてが同じ力学に従って起きるのならば、そこに共通の法則があるはずである。重力加速度の大きさが、天体からの距離の 2 乗に逆比例するという関係は、そうした法則ではないかと期待される。

※8　地表付近にある物体には、足下の地面からの重力や地球の反対側からの重力が加わる。ごく大ざっぱに言えば、これらを平均して、すべてが地球の中心にあるものとして扱うことができる。厳密には、地球が球対称であれば、地球のあらゆる部分からの寄与をすべて積分することにより、「地球外部での重力は、中心に質量が集中した場合と一致する」ことが証明できる。ニュートンは、こうした証明を行った上で中心に質量が集中した場合に置き換えて議論したが、この議論は高校数学の範囲を逸脱するので、ここでは証明抜きで認める。

そこで、この「逆2乗則」が地球とリンゴや月の間だけでなく、太陽と惑星の間にも成り立つという仮説を立ててみよう。このとき、惑星運動に関するケプラーの法則が導かれるかどうかが、仮説の妥当性を判定するための試金石となる。

惑星の公転軌道を円で近似し、公転半径を R 、周期を T とすると、公転速度 v は次式で与えられる。

$$\text{公転速度}\ v = \frac{2\pi R}{T} \tag{1.9}$$

惑星が太陽からの重力作用によって公転するのならば、惑星に関しても(1.8)式が成り立つはずである。重力加速度が太陽からの距離の逆2乗に比例すると仮定して、比例係数を k と置くことにしよう。その上で、(1.8)式の左辺で重力加速度 g を k と距離の逆2乗の積に、右辺で速度 v を(1.9)式に、それぞれ置き換える。

$$\frac{k}{R^2} = \frac{(2\pi R/T)^2}{R}$$

これを整理すると、

$$T^2 = \frac{(2\pi)^2}{k} R^3 \tag{1.10}$$

という関係式が得られる。これは、公転周期 T の2乗と軌道長半径 R （円の場合は円の半径と一致）の3乗が比例するというケプラーの第3法則そのものである。

ケプラーの第3法則という観測データが、「重力加速度が距離の逆2乗に比例する」という逆2乗則の仮定から導かれたことは、この仮定が普遍的な法則である可能性を強く示唆する。計算が難しいのでここでは説明しないが、ニュートンは、惑星の軌道が円ではなく楕円になるという第1法則も、逆2乗則から導けることを示した（面積速度一定という第2法則は、重力加速度が常に重力源の向きになるという仮定から導かれる）。

逆２乗則の係数

重力加速度の大きさが距離の逆２乗に比例するという仮定は、そこからケプラーの法則が導かれるので、きわめて確からしい。次に問題となるのは、その比例係数がいくらかである。

まず、地球による重力について考えよう。地上付近の物体に及ぼされる重力は、地球の重心から距離6400キロメートル地点での作用である。この値が9.8メートル毎秒毎秒なので、重力加速度が距離の逆２乗に比例するとしたときの比例係数は、

$$k\,(\text{地球}) = gR^2 = 9.8 \times \left(6.4 \times 10^6\right)^2 = 4.0 \times 10^{14}$$

と求められる（地球による重力作用であることを明示するために、「(地球)」と付記した）。

一方、太陽による逆２乗則の比例係数は、地球の公転周期365.26日、公転半径１億5000万キロメートルを使って、ケプラーの第３法則を表す(1.10)式から求められる。

$$\begin{aligned} k\,(\text{太陽}) &= \left(\frac{2\pi}{T}\right)^2 R^3 \\ &= \left(\frac{2 \times 3.14}{365.26 \times 24 \times 60 \times 60}\right)^2 \times \left(1.5 \times 10^{11}\right)^3 = 1.3 \times 10^{20} \end{aligned} \qquad (1.11)$$

k（地球）と k（太陽）の値は大きく異なるが、それは、地球と太陽の物理的性質の差に起因するはずである。それでは、k（太陽）が k（地球）の33万倍になるのは、何が違うからだろうか。

17世紀当時は、即座に解答できるだけのデータが集まっておらず、ニュートンは多くの苦労をしながら答えを模索したようだが、現在では、ネットで検索すれば簡単にデータを探し出すことができる。

ケプラーは、太陽から放出される何かが惑星を公転させると考えた。確かに、太陽は大量の光を放出している。光は四方八方に等しく飛び散るので、そのエネルギー密度は距離の２乗に逆比例することになり、重力加速度における逆２

乗則と関係するようにも見える。しかし、ならば太陽が放出するエネルギーが重力の元になるのかと言うと、そうは考えられない。太陽内部の核融合によって放出される光エネルギーは、地球内部の核反応による地熱エネルギーの10兆倍近くになり、33万という比例係数の差違を説明するには大きすぎるからだ。

光学的な観測から、太陽の半径は地球半径の109倍と判明している。109の3乗は130万になるので、太陽と地球の体積比は、重力作用に関する2つの比例係数の比（33万）と桁が近い。しかし、まだ数値にして4倍程度の違いがある。

現在では、水素とヘリウムのガスで構成された太陽の平均密度が1立方センチあたり1.4グラムなのに対して、岩石惑星である地球は5.5グラムだと判明している。太陽は、体積が地球の130万倍、平均密度が4分の1なので、質量は地球の33万倍であり、ちょうど重力作用に関する比例係数の比と一致する。つまり、これまで k と記してきた比例係数は、それ自体が重力源の質量 M に比例して変化すると考えられる。そこで、その比例係数を新たに G と表記することにしよう（$k = GM$ となる）。重力加速度の式で書けば、次のようになる。

$$\text{質量 } M \text{ の物体から距離 } r \text{ の地点での重力加速度 } g = G\frac{M}{r^2} \qquad (1.12)$$

G は万有引力定数または重力定数と呼ばれる定数である。さまざまな観測データを総合した天体質量の推計値を利用すると、G は次の値になる。

$$G = 6.67 \times 10^{-11}\ [\mathrm{m^3kg^{-1}s^{-2}}]$$

地球や太陽以外の天体でも、その周囲にある物体は、(1.12)式に従う重力加速度で天体に引き寄せられる。この式を使えば、周りを回る天体の動きから重力源の質量を推定することができる。

ケーススタディ　ブラックホールと暗黒物質

天の川銀河の中心は、地球から見て、いて座方向に2万6千光年隔たった彼方であり、そこにいて座A*（エースター）と呼ばれる天体が存在する。この天体は、太陽の4百万倍もの質量を有するブラックホールであることが確実視されている。質量の推定に用いられたのが、いて座A*の周りを回る恒星の動きで、中でも恒星S2が重要なデータをもたらした。

S2の軌道は、1992年の発見以来、複数の天文台によって追跡され、周期16年、軌道長半径が地球公転半径の970倍に及ぶ細長い楕円であることが判明した。この値を(1.11)式と比較すれば、逆2乗則の比例係数 k の値が求められる※9。

$$k\,(\text{いて座 A*}) = \frac{(970)^3}{(16)^2} \times k\,(\text{太陽}) = 3.6 \times 10^6 \times k\,(\text{太陽})$$

k は天体の質量と定数 G の積なので、誤差を考慮して、いて座A*の質量は太陽の約400万倍と結論できる。ちなみに、太陽質量の400万倍という値は、天の川銀河のような大規模渦巻銀河の中心にあるブラックホールとしては、小さめである。

同じように、銀河の質量も周囲を回る天体の周期と軌道半径から推定されるはずだが、ここで、不可解な結果が得られた。

渦巻銀河は、楕円体の形をした天体集団であるバルジと、その周囲に扁平に広がる円盤（ディスク）から成り立っている。中心から離れても多くの天体が存在するため、(1.10)式で表されるケプラーの第3法則は成り立たない（中心から離れるにつれて、その内側にある天体の総質量が増え、係数 k が一定でなくなるから）。中心から充分に離れると、円盤は薄くなって内側の質量があまり増えなくなるため、第3法則に近い関係式が成り立つはずである。ところが、実際に中心から離れた恒星の速度と軌道半径を観測すると、予想された関係式とは大きく異なっていた。銀河には、光学観測で得られた恒星の総質量よりも、はるかに多くの質量が遠方まで広がって存在すると考えざるを得なかったのである。

※9　(1.11)式は天体の軌道が円だと仮定した場合の式だが、楕円の場合でも、R を軌道長半径と見なせば、同じ式が成り立つことが証明できる。その証明は高校数学の範囲を超えるので、ここでは紹介しない。

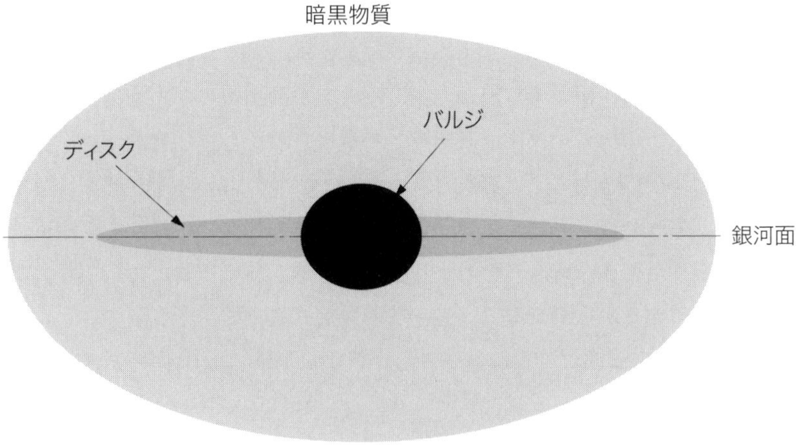

図1-9 天の川銀河の構造

そこで、天文学者たちは、バルジよりもずっと広い範囲に、望遠鏡では見えない物質が大量に存在すると仮定した。これを暗黒物質という（**図1-9**）。暗黒物質の正体が何なのかは、まったくわかっていない。だが、それがなければ、銀河の周囲を回る恒星の観測データを説明できないので、多くの天文学者は、暗黒物質の存在を認めている。

別のアイデアもある。暗黒物質は存在せず、代わりに、重力の逆2乗則が成り立っていないという考え方である。逆2乗則は、太陽系程度の範囲ではきわめて高い精度で成り立つが、何万光年といった銀河のスケールでも成立するかどうかは確認されていない。逆2乗則が成り立たないというアイデアは、修正重力理論と呼ばれるもので、あまりに突飛なので支持する物理学者は多くない。しかし、これまでの歴史で、大半の科学者に支持されてきた学説が誤りだったことは何度も起きており、もしかしたら、「暗黒物質はなかった」という電撃ニュースが学界を震撼させる日が来るかもしれない。

1-3 力の統一

物体に複数の力が作用する場合、合力を考えるのが有用なことは、古代からわかっていた。なめらかな床に置かれた石材を両側から押し合うとき、力の大きさが同じで逆向きならば、石材は動かない。2つの力の合力がゼロになるからである。それでは、一端が天井に固定された紐の他端におもりを取り付けて静かに垂らしたとき、おもりが静止しているのは、加えられた力が釣り合って合力がゼロになるからか、それとも、別の理由によるのか？

現在では、この設問はほとんど意味をなさないと感じられよう。だが、ニュートン以前の科学者にとっては、真剣に考えなければならない難問だった。なぜなら、物体を地球中心に引きつける重力作用と、物体が接触するときに相互に及ぼし合う力は、まったく異質のものだと見なされたからである。重力とは、物体が地球の中心に向かおうとする性質の現れとされていた。一方、物体間に作用する力は、「2つの物体が同時に同じ場所に存在することはできない」という「相互排他性（不可入性）」など、物体固有の性質に起因するという見方が一般的だった。これら異質な力をひとまとめにして合力を考えることは、意味がないように思われた。

こうした伝統的な見方に対して、ニュートンは、まったく新しい考えを採用した。**「力とは何か」という問いにあえて答えず、運動を変化させる作用を等しく力と見なして包括的に扱ったのである。**彼の主著『プリンキピア』には、力についての具体的な定義がない。「力が作用すると、物体の運動がどのように変化するか」という「運動の法則」が記されているだけである。紐で引っ張る力も重力の作用も同じく物体の運動を変化させる“力”であり、物体が動かなければ、運動法則から合力がゼロだと結論される。紐の端に取り付けられたおもりが静止していたならば、重力と他の力の合力がゼロなのである。

「力とは何か」を論じないやり方に対して、17世紀当時は多くの批判があった。しかし、その後の物理学の発展は、「運動という観測可能な現象を介して力を包括的に扱う」というニュートンの方法論が、本質を突いていたことを明らかにする。相互排他性のような抽象的観念に基づいて力を理解する試みは、実際には、ほとんどが的外れだった。観測可能な現象の法則を明確にすることによってのみ、理論の体系化が可能となり、根底にある物理の本質に迫れるのである。

ここでは、重力とそれ以外の力を統一的・包括的に扱う方法論をベースに、運動の法則がいかなるものかを見ていきたい。

作用・反作用と万有引力の法則

なめらかな水平面上に置いた石材は、同じ大きさの力で両端面を押しても動かない。そこで、この石材がAとBという2つの部分に分割されている場合を考えてみよう。**図1-10**に示したように、Aの部分には、端面に加えられる外部からの力（外力）以外に、接触しているBが押す力も働く。一方、Bの部分にも、端面からの外力とAからの力が働く。もし、BがAを押す力（作用）とAがBを押す力（反作用）の大きさが等しくなければ、部分的に力の釣り合いが破れて、何らかの動きが生じるはずである。しかし、両端面に加える力が等しいとき、AとBを併せた石材全体は動かない。

一般に、大きな物体をいくつかの部分に分けて考えたとき、各部分が互いに及ぼし合う作用と反作用が釣り合っていないと、物体内部の力（内力）が物体全体の運動に影響を及ぼしてしまう。現実にそうした動きが観察されないのだから、作用と反作用は向きが逆で大きさが等しいことになる。この性質を、作用・反作用の法則という。静力学の範囲でなら、作用・反作用の法則が成り立

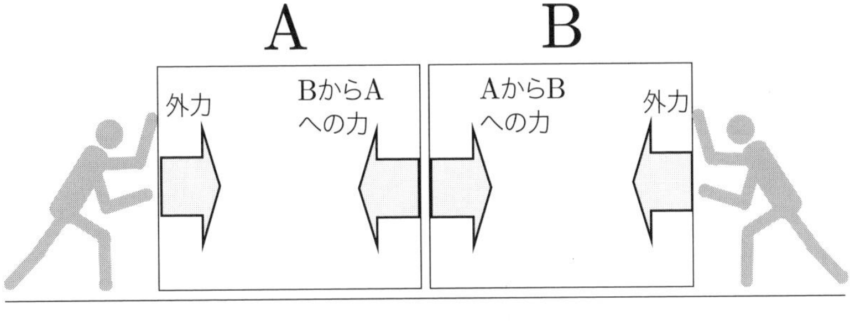

図1-10 作用と反作用

つことは、古くから知られていた。

物体が接触したときに生じる力（物体同士が押し合う抗力、こすれる際の摩擦力、気体や液体が面を押す圧力など）は、すべて作用・反作用の法則を満足すると考えられる。ニュートン以前、重力の作用は、こうした力とは異なって、地球の中心に向かおうとする物体の性質だと考えられていた。この場合、重力に対する反作用は存在しないはずである。だが、ニュートンが考えたように、重力も抗力や摩擦力などと同じく、運動を変化させる作用として包括的に扱えるのならば、重力に関しても作用・反作用の法則が成り立つと考えるのが自然である。

物体に天体からの重力が作用する場合、同じ場所ならば、質量や材質によらず同じ加速度で物体を落下させる。しかし、重力とほかの力の釣り合いを考える場合、どの物体も同じというわけではない。紐でおもりを吊す場合、おもりの質量に比例した力で引っ張らなければ静止させられない。この事態をどう解釈すべきか？

ニュートンは、実に簡明な解決法を考案した。重力加速度が g の地点に置かれた質量 m の物体には、 mg という大きさの力が作用すると仮定したのである。したがって、おもりをひもで吊して静止させる場合、鉛直下向きの重力 mg と等しい力で上向きに引っ張ることで、力を釣り合わせている。当時は力の単位が決められていなかったが、現在では、質量をキログラム、加速度をメートル毎秒毎秒で表したときの力の単位を(理論の考案者にちなんで)ニュートンと呼ぶ。9.8 メートル毎秒毎秒という地表での標準的な重力加速度の地点に置かれた 100 キログラムの物体には、980 ニュートンの力が作用する。

ニュートンの仮定が鮮やかなのは、(1.12)式で表される重力加速度の逆 2 乗則が満たされると、重力に関する作用・反作用の法則が自動的に成り立つところである。

質量が M と m の物体が距離 r だけ離れて存在するとき、両者の間には、自分に引き寄せるような重力が働く。重力の大きさは、重力源の質量 M を含む重力加速度（(1.12)式）に、重力が作用する物体の質量 m を乗じた

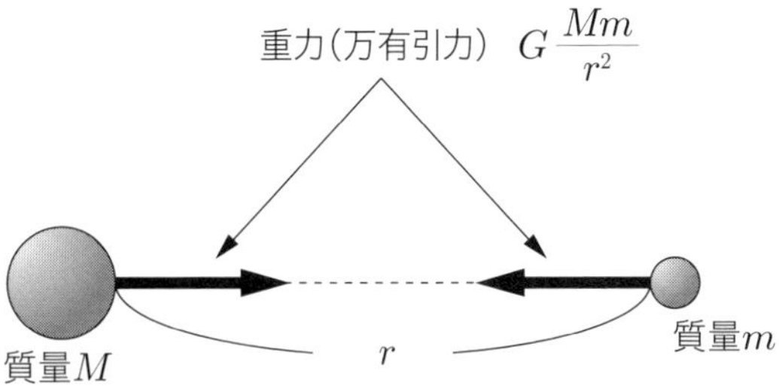

図 1-11 万有引力

$$G\frac{Mm}{r^2}$$

となる。この式は、M と m を同じように含むので、質量 M の物体から m の物体に働く重力としても、逆に m の物体から M の物体に働く重力としても、成立する。したがって、2つの物体は互いに同じ大きさの重力で相手を自分に向かって引っ張ることになり、作用・反作用の法則が成立する。

このように、質量のある物体は、すべて互いに同じ大きさの力で引き合う。これを、あらゆる物体が持つ引力という意味で、「万有引力」という(**図 1-11**)。地球の重力は月を引き寄せるが、月からも地球を引き寄せるような重力が作用している。潮の満ち干が月の位置と関係することは古代からわかっていたが、ニュートンは、この現象が月からの重力に起因すると正しく推測した。

万有引力の理論によると、月は、静止する地球の周りを回るのではなく、地球と月が互いに引き合いながら、両者の重心の周りを回っていることになる。地球と月は、それぞれが重力の作用を受け、重心に向かって落下しながら重力に対して垂直に進むため、結果的に、重心を中心とする円軌道を描くのである。ただし、地球と月を合わせたときの重心は、地球の中心から 4600 キロメートル離れた地中に存在しており、この距離は月の公転半径 38 万キロメートルと比べると充分に小さいので、地球の中心の周りで公転すると言っても、1%程度の誤差範囲内で正しい。

重力は、地球と月のように離れた物体同士が引き合う力—いわゆる遠隔力—

であり、抗力や摩擦力などの接触した物体同士の力—近接力—とは質的に異なるように見える。にもかかわらず、これを「力」という概念でひとくくりにし、近接力で成り立つ作用・反作用の法則を遠隔力にも拡張したニュートンの発想は、きわめて大胆である。

実は、重力に関する作用・反作用の法則は、厳密には成り立たない。遠隔力の理論はアインシュタインの相対論とは折り合いが悪く、修正する必要があるためだ。しかし、さまざまな力を包括的に扱うというニュートンの発想自体は、正しかった。

運動の法則

重力とほかの近接力が物体の運動を変化させるという点で同等だとすると、そこから運動と力の間の一般的な関係が導かれる。

地球上の同じ場所で落下実験を行うと、空気抵抗が無視できる場合は、質量や材質によらず同じ加速度になる。重力は、重力加速度と物体の質量 m の積になるので、重力が加わったときの加速度は、重力を質量 m で割った値に等しい。重力は運動を変化させるという点でほかの近接力と同じものだという立場を採用し、この関係が重力以外の力と加速度の間でも成り立つと仮定しよう。そうすると、質量 m の物体が力 f の作用を受けて運動するとき、その加速度 a は、f を m で割った値に等しいはずである。式で表すと、

$$f = ma$$

となる。これが「運動方程式」であり、ニュートン力学の要になる。

作用する力が釣り合いからずれると、物体が運動を始めることは、古代から知られていた。しかし、ニュートン以前には、放物運動など特殊なケースを除くと、具体的にどのような運動をするかわからなかった。運動方程式は、力が与えられれば運動がわかる、あるいは逆に、運動が与えられれば力がわかることを示している。

運動方程式が示す最も重要な特徴は、力が動きをもたらすのではなく、速度の変化をもたらすという点である。慣性の法則によれば、何の作用も加わって

いないとき、物体は（静止ではなく）等速度運動をする。無重力空間では、こうした慣性運動がごく自然に実現される。力とは、こうした自然な運動状態を変化させる作用なのである。

運動方程式によると、一定の力が作用する場合、物体は等加速度運動をする。自由落下が等加速度運動であることを発見したガリレオは、これを重力作用の特性と考えたようだが、そうではない。地上付近では、地球の半径に比べて落下実験を行う際の高度差が小さいため、重力の違いが結果に現れないだけである。

ニュートンは、運動方程式を含む3つの「運動の法則」をまとめ、『プリンキピア』本文の冒頭に掲げた。個々の法則の内容はこれまで記してきたので、以下、運動の法則として一般化される過程を括弧内に記しておく※10。

第1法則：慣性の法則（放物運動の水平成分に関する法則としてガリレオが提案したものを、ニュートンを含む何人かの科学者が一般化）

第2法則：運動方程式（重力と重力加速度の間の関係を、ニュートンが近接力を含むあらゆる力と加速度の関係に拡張）

第3法則：作用・反作用の法則（近接力が満たす法則として古代から知られていたものを、ニュートンが重力のような遠隔力に拡張）

ニュートンが力学の体系化において果たした業績とは、ガリレオの発見をきっかけとして、近接力と遠隔力（特に重力）を包括的に取り扱う方法論を見出したことだろう。近接力特有と思われた作用・反作用の法則を重力に、重力特有と思われた加速度との関係を近接力に当てはめることによって、それまで包括的に扱えないと思われていた近接力・遠隔力を併せて、統一的な力学体系を構築したのである。

重力ポテンシャル

遠隔力である重力と、近接力である抗力や摩擦力を包括的に取り扱うというニュートンの方法論は、直ちに受け入れられたわけではない。遠隔力としては、重力以外にも、琥珀をこすったときに羽根を引きつける作用として現れる静電

※10　運動方程式の具体的な応用に関して、惑星運動以外は別の箇所に譲る。単振動については第3章、運動量と力積、力学的エネルギーと仕事については第4章で取り上げる。

気力や、砂鉄を引き寄せる磁力などが知られていた。しかし、電気や磁気は、その作用を数式によって定式化することができず、魔術的なものとしてイメージされることが多かった。ニュートンの重力にも、電気や磁気に似たいかがわしさが感じられたようである。

特に問題になったのが、媒介するものが何もないのに、遠く隔たった地点まで一瞬で到達するという点である。ガリレオとニュートンの中間の世代となるデカルトは、宇宙空間に満ちたエーテルの渦動が天体を動かす原動力だと主張しており、その説明に同意する科学者が少なくなかった。ニュートンは、『プリンキピア』第2部において、デカルトの説では惑星の公転速度に関する観測データを説明できないと批判している。

ニュートンの重力理論が、天体運動に関して正確な予測をするきわめて有用な理論だと判明するにつれて、18世紀の数学者オイラーら多くの科学者が、この理論を不自然でないように修正する方法を考え始める。

修正の最重要ポイントは、「遠く離れた2つの物体が、一瞬で重力を及ぼし合う」という形式ではなく、中間に何らかの媒介物があるものとして定式化できないかということである。媒介物の正体はわからないが、とりあえず重力ポテンシャルと呼ぶことにしよう（ポテンシャルとは「潜在能力」という意味）。重力源となる物体が移動すると、まずその周囲で重力ポテンシャルが変化し、この変化が遠くまで逐次的に伝わっていく。他の物体は、遠方にある重力源から直接作用を受けるのではなく、自分の近傍にある重力ポテンシャルから作用を受ける―という考えである。

イメージを思い描きたいならば、気体の流れを想定していただきたい（ただし、科学的に正確な議論ではない）。場所によって圧力に差がある場合、圧力の高い領域から低い領域へと気流が生じる。それと同じように、重力ポテンシャルの高い領域から低い領域へと重力作用が発生し、それによって物体が移動すると考えるのである。

◆◆◆◆◆

地表付近での放物運動を取り上げよう。水平方向の運動は一定の速度なので、鉛直運動だけを問題とする。鉛直上向きに y 座標を取ると、座標は(1.2)式で与えられるが、ここでは、投げ上げる瞬間の y 座標をゼロではなく Y と置く。また、速度の引数 y は省略し、初速 V 、加速度 $-g$ の等加速度運動とする。このとき、鉛直方向の速度 v 、座標 y は、次式で与えられる。

$$v = -gt + V \tag{1.13a}$$

$$y = -\frac{1}{2}gt^2 + Vt + Y \tag{1.13b}$$

ここで、

$$t = \frac{V - v}{g}$$

と置いて y の式に代入することで、(1.13)式から時間座標 t を消去しよう。

$$y = -\frac{1}{2}g\left(\frac{V-v}{g}\right)^2 + V\left(\frac{V-v}{g}\right) + Y = \frac{V^2}{2g} - \frac{v^2}{2g} + Y$$

y を引数とする関数 $\Phi(y) = gy$ を導入すると、次式を得る。

$$\Phi(y) + \frac{1}{2}v^2 = \Phi(Y) + \frac{1}{2}V^2 \tag{1.14}$$

(1.14)式の右辺は、物体が投げ出された瞬間に決まる量である。したがって、(1.14)式の左辺で表される高度 y と鉛直速度 v の関数は、放物運動の過程を通じて一定の値を保つように制限される。別の言い方をすると、放物運動を行う物体では、ある高度における $\Phi(y) = gy$ の値に応じて鉛直速度 v が増減する。 $\Phi(y) = gy$ は、鉛直方向の加速度を与える量なので、ひとまず、これを重力ポテンシャルと考えてみる。

重力ポテンシャル $\Phi(y) = gy$ が一定になるのは、 y が同じ値をとる水平面内である。重力加速度は、水平面に垂直な鉛直方向を向くので、重力ポテンシャル $\Phi(y) = gy$ の値が等しい「等ポテンシャル面」に垂直な方向になる（**図1-12**(1))。また、重力加速度の大きさ g は、 $\Phi(y) = gy$ の勾配（グラフで表したときの y 方向の傾きで、数学的に正確な表現を用いれば、 $\Phi(y) = gy$ を y で微分した値）と一致する。重力加速度と重力ポテンシャルのこうした関係は、大気の流れを生み出す力が等圧面に垂直で、その大きさが圧力勾配に比

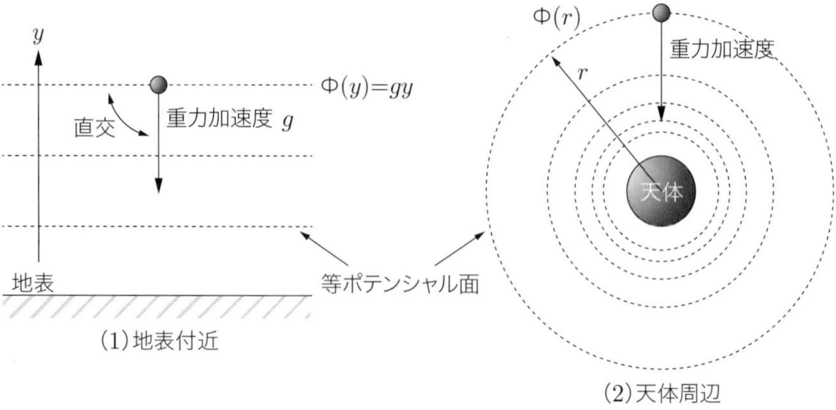

図 1-12　**重力ポテンシャル**

例することと似ている。こうしたことから、重力は、遠くにある重力源から途中の空間を飛び越えて作用するのではなく、その場所の重力ポテンシャルから及ぼされると考えるのがよさそうである。

それでは、地表付近に限らず、ニュートンの重力理論における一般的な重力ポテンシャルはどうなるだろうか。ここでは、孤立した球形の天体（質量 M ）を考えることにする。周囲の重力は、質量が天体の中心に集中した場合と同じだとする。

ニュートンの理論によると、重力は、天体の中心に向かうように作用する。天体中心に向かう向きが等ポテンシャル面に垂直だとするならば、重力ポテンシャルは、中心からの距離 r だけに依存する球対称な関数 $\Phi(r)$ となるはずである（**図1-12(2)**）。放物運動を論じたときに用いた地表付近での重力ポテンシャル gy は、重力ポテンシャル $\Phi(r)$ を地表付近の狭い範囲で近似したものと考えられる。

地表付近の式（ $=gy$ ）を再現できるように、球対称の重力ポテンシャル $\Phi(r)$ の形を決定しよう。地表付近にある基準点から天体中心までの距離を R 、基準点から測った高度を y とすると、 $\Phi(R+y)$ は、 y が小さいとき、近似的に $\Phi(R)+gy$ に等しいはずである。地表付近の重力加速度 g が定数ではなく、R に依存する(1.12)式で表されることを使うと、次の関係式を得る。

$$\Phi(R+y)-\Phi(R)\approx\frac{GM}{R^2}y \tag{1.15}$$

この近似的な関係式を満たす $\Phi(r)$ は、次の形になる。

$$\Phi(r)=-\frac{GM}{r} \tag{1.16}$$

(1.16)式の重力ポテンシャルが(1.15)式を満たすことは、次の式変形によって確認できる（最後の近似は、「はじめに」で示した（A）式から導かれる）。

$$\Phi(R+y)-\Phi(R)=-\frac{GM}{R}\left\{\frac{1}{(1+y/R)}-1\right\}\approx-\frac{GM}{R}\{(1-y/R)-1\}$$

微積分を知っている読者ならば、(1.15)式の両辺を y で割って $y\to 0$ とすれば、微分方程式になってすぐ解けることがわかるだろう。

天体の周囲の重力ポテンシャルが(1.16)式で与えられるとき、等ポテンシャル面は同心球面となる。マイナスの符号が付いたことにより、重力ポテンシャルは、天体に近づくほど下がる曲線になる。重力の作用を受けた物体が、ポテンシャルの坂道を転がり落ちるようにイメージすると、直観的にわかりやすいだろう。

重力は、ニュートンの理論で定式化されたような遠隔力ではなく、重力ポテンシャルを介して作用する近接力と見なすべきである。ただし、(1.16)式のままでは、天体が移動したとき、周囲の重力ポテンシャルは時間的な遅れがなく同じ形を保って移動することになるので、隔たった場所に瞬間的に作用するという性質は変わらない。重力ポテンシャルが少しずつ伝播する過程が解明されるには、一般相対論の完成を待たなければならない。

重力の位置エネルギー

エネルギーという概念は、日常的にもよく使われるが、物理学では、「すべてのエネルギーを足し合わせたものは一定値を保つ」というエネルギー保存則を満たす量として知られている。ただし、「エネルギーとは何で、なぜ保存するか」という問いに対しては、高校物理全体をマスターして初めて説明できるものなので、その議論は本書末尾の終章で行うことにしたい。ここでは、読者がエネルギーに関する初歩的な知識を持っているものとする。

一般に、重力ポテンシャル Φ が存在する地点で速度 v で運動する質量 m の物体があるとき、運動エネルギー K と重力による位置エネルギー U は、次式で与えられる。

$$K = \frac{1}{2}mv^2, \quad U = m\Phi \tag{1.17}$$

重力のみが作用する場合、力学的エネルギー E は K と U の和として定義され、運動を通じて一定の値を取る。これが、重力に関するエネルギー保存則である。

鉛直方向の放物運動では、(1.14)式の両辺に物体の質量 m を乗じたものが、エネルギー保存則を表す。m を乗じた式は、放物運動の途中における力学的エネルギー（運動エネルギーと位置エネルギーの和）が、投げ出した瞬間の力学的エネルギーに等しいことを示しており、放物運動で力学的エネルギーが一定になることを示す。水平方向の運動も存在する場合、水平速度は一定なので運動エネルギーの水平成分も一定となり、全運動エネルギーは、鉛直方向と水平方向の成分を加えた値となる。

地表付近の放物運動を考える場合、実際には空気の抵抗があり、空気との摩擦による熱エネルギーや気流の運動エネルギーなどを考慮しなければならないので、力学的エネルギーだけの保存則は厳密には成り立たない。

質量 M を持つ天体周囲の惑星運動では、鉛直方向の座標 y を用いた $\Phi(y) = gy$ ではなく、天体中心からの距離 r の関数である(1.16)式の $\Phi(r)$ を考える必要がある。太陽からの重力で運動する惑星や小天体では、太陽以外の天体からの重力やその他の作用（惑星間磁場による磁気作用や小天体の衝突、彗星の場合は太陽に熱せられたことによるガスの噴出の効果）が無視できる場合、次式で表される位置エネルギーと運動エネルギーを合わせた力学的エネルギー E が一定の値となる。

$$E = \frac{1}{2}mv^2 - G\frac{Mm}{r} = 一定 \tag{1.18}$$

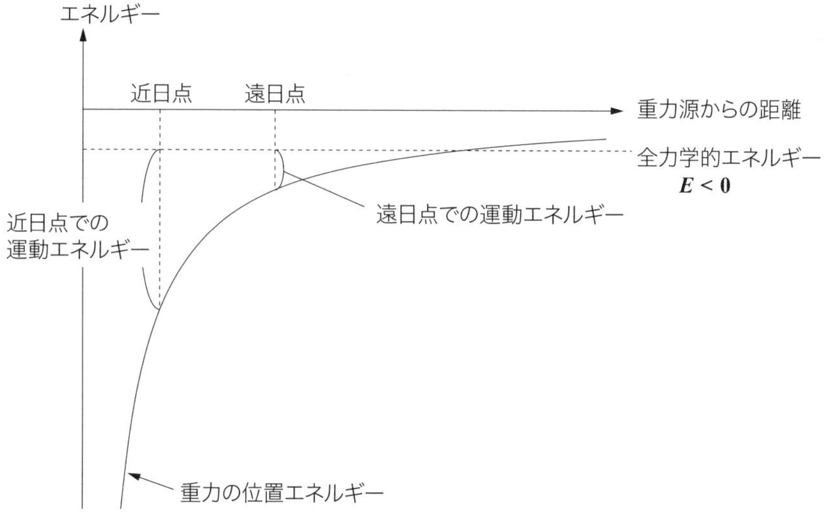

図 1-13 重力の位置エネルギーとケプラー運動

ケプラーの第1法則に従って、太陽を焦点とする楕円運動をする惑星について考えよう。位置エネルギー $-GMm/r$ のグラフは、r が0に近づくにつれて $-\infty$ になり、r が大きくなると0に漸近する。したがって、エネルギー E が負の場合、位置エネルギーのグラフは、どこかで E のグラフと交わる(**図 1-13**)。運動エネルギーは常に正なので、惑星が運動する r の範囲は、この交点よりも太陽からの距離が小さい領域に限定される。ケプラーの第1法則によれば惑星軌道は楕円になり、太陽に最も近い近日点で運動エネルギーが最大(したがって速度も最大)、最も遠い遠日点で最小になる。

E が正の場合にどうなるかは、簡単には説明できない※11。ここでは証明抜きで、E が正の場合は太陽までの距離の範囲が限定されないと言っておく。太陽の重力だけで運動する小天体が正の力学的エネルギーを持つとき、無限の彼方から来て太陽の近くで大きく向きを変えた後、無限の彼方へと去って行く。このときの軌道は、太陽を焦点とする双曲線になる。

太陽系付近の天体が太陽の周りを回り続けるかどうかは、重力による位置エネルギーと運動エネルギーの和が正か負かを調べればわかる。

※11 ケプラーの第2法則に現れる面積速度を L と書くと、L は太陽からの距離 r と、太陽と惑星を結ぶ線分に垂直な速度成分の積となる。ケプラーの法則を拡張して、太陽の重力による運動で L が一定になると仮定すると、太陽と惑星を結ぶ方向の速度成分が、エネルギー E、面積速度 L、距離 r によって表され、E が正の場合に r が無限大から減少して近日点に達すると増大に転じ、無限大まで増加することが証明できる。詳しくは、大学レベルの力学の教科書を参照。

ケーススタディ オウムアムアの軌道

2017年10月19日、後に「オウムアムア」と命名される奇妙な天体が、ハワイ・マウイ島に設置された望遠鏡によって発見された。発見後の軌道データから、オウムアムアは、天頂方向から飛来して水星軌道より少し内側で黄道面を横切り、9月9日に太陽に3800万キロメートルまで接近した後、10月14日に地球から2400万キロメートルの地点を通過して、ペガスス座方向に飛び去りつつあることがわかった。

オウムアムアが太陽からの重力作用のみを受け、ニュートン力学に従って運動していたとすると、軌道は楕円か双曲線になる。2つの図形のどちらになるかは離心率と呼ばれる正の量によって決まり、離心率が1以上ならば双曲線、1以下ならば楕円になる（ちょうど1なら放物線、0ならば円である）。観測データによると、オウムアムアの離心率は1.19であり、無限の彼方から来て無限の彼方に去る双曲線軌道を描く恒星間天体だと判明した（木星からの重力など、太陽の重力以外の作用も受けるため、厳密な双曲線ではない）。

太陽に最接近したときの（太陽に対する相対的な）速度は、秒速88キロメートルに達したと推定される。太陽から3800万キロメートルでの重力ポテンシャルを求め、(1.18)式の E が0になるような速度 v を計算すると秒速59キロメートルなので、近日点でそれより大きな速度を持っていたオウムアムアの力学的エネルギーは正である。太陽から充分離れると、秒速26キロメートルの等速度運動に近づく。

オウムアムアは、当初は彗星と思われたため、「2017年に発見された彗星（Comet）らしき天体」という仮符号「C/2017 U1」が与えられ、後に小惑星（Asteroid）と見なされ符号Aに変更されたが、最終的に恒星間天体（Interstellar objects）第1号と認められ、符号1Iとなった。また、ハワイ語で「初めての使者」を意味するオウムアムアという名称（愛称ではなく正式名称）もつけられた。明るさの周期的な変化から、長さ数百メートルの細長い形状をしていると推測される。

太陽に接近した際にケプラーの法則とは異なる運動が観測されたが、これは、熱せられてガスを噴出し、その反作用を受けたためではないかと見られる。残念なことに、発見された時点で、すでにいかなるロケットでも追いつけないスピードで飛び去りつつあったために、充分なデータが得られなかったが、それでも、天文学史上に残る天体となった。

力とは何か

ニュートンは、近接力である抗力、摩擦力、圧力などと、遠隔力である重力を、いずれも「速度を変化させる作用」という点で同等なものと見なして、あらゆる力を包括的に扱う力学を体系化した。『プリンキピア』では、物体に対して外部から作用する「衝撃、圧、向心力（重力のように中心に向かう力）」を近接力／遠隔力の区別なく“vis impressa”という呼び名で統一的に扱っている。「抗力は物体の相互排他性に起因する」「重力は物体が地球の中心に向かう性質の表れである」といった、力を内的な性質と結びつける議論を排し、運動という観測可能な現象に注目して力を規定するニュートンの方法論は、「我仮説を作らず」という『プリンキピア』第3部で述べられた原則に忠実であり、観念的な議論を避けて現象論を重んじる近代物理学の流れを作り出す。ただし、その一方で、万有引力以外の力に関して具体的な説明をしなかったため、力の本質が不明なまま議論を回避したという批判を生むことになる。

「力とは何か」に関する議論は、19世紀に大きく進展する。かつては魔術的な謎めいた現象と思われていた電気と磁気の理論が整備され、その作用が厳密な数式に従うことが示されたのである。さらに、物質が電荷を帯びた粒子から構成されることも明らかになった。こうして、以前には物質が接触したときに作用すると考えられていた近接力は、実は、物質が接近したときに構成粒子間で働く電磁気力ではないかという見方も生まれる。19世紀末には、物質は荷電粒子（電荷を持つ粒子）によって構成され、荷電粒子の間には電磁気力と重力という2種類の力が作用するという見方が有力になった。

そこで、次の第2章では、物質間の力がどのようにして生じるかを含めて、電磁気について説明することにしよう。

コラム　一般相対論入門

ニュートンによる重力理論は、何の媒介物もなしに力が直接遠方にまで届くというものだったが、これは常識に反する不思議な作用である。重力が、実は、こうした遠隔作用ではなく近接作用であることを明らかにしたのが、20 世紀初頭にアインシュタインが提唱した一般相対論である。この理論は、高度な数学を使わなければ正確な記述ができず、高校物理の範囲を逸脱する内容なので、ここでは、ごく大まかな紹介だけを行うことにしよう。

原子レベルの基礎的な物理現象は、普遍的な長さの尺度に基づいて生起する。例えば、エネルギーが最も低い状態にある水素原子の大きさ（電子が存在する範囲の平均的な拡がり）は、すべて百億分の 1 メートルである。地球上であろうと宇宙空間のどこであろうと、この大きさに変わりはない。また、特定の状態間での遷移に伴って原子から放出される電磁波の振動数は、常に決まった値になる。炎色反応で元素ごとに特定の色の炎が見えるのは、そのせいである。長さの尺度は普遍的な物理法則に基づいて決まっており、物体の大きさや周期的現象の時間間隔は、この尺度を基準として定まる。

ところが、きわめて精密な測定を行うと、長さの尺度にわずかな変動が存在すると判明した。正確な原子時計を平地と標高 800 メートルほどの山頂において比較すると、山頂の時計の方が、1 日あたり 1 億分の 1 秒の割合で早く進むことが観測される。この実験では、原子時計を振動や温度変化のほとんどない環境に置くので、尺度の変動が重力以外のものによってもたらされたとは考えにくい。

一般相対論を前提とすると、その理論的な帰結として、重力が時間や空間に関する長さの尺度を変化させることが示される。この尺度変化のせいで、質量 M の天体中心から距離 r だけ離れた地点では、一定の周期で経過時間を与えるはずの原子時計の進み方が、

$$1-\frac{2}{c^2}\frac{GM}{r} \qquad (1.19)$$

という割合で変化する（物理学的に厳密なことをいえば、この式は、長さの基準を表す計量テンソルにおいて時間の伸張を表す00成分を表し、正確には経過時間の2乗の変化を与える）。c は光速、G は万有引力定数である。標高の高い地点の時計が早く進む、あるいは、天体近くの時計が遅れるのは、尺度変化の直接的な影響である。

(1.16)式で定義される天体の周りの重力ポテンシャル $\Phi(r)$ を使うと、(1.19)式第2項は $\Phi(r)$ に定数を乗じたものとなる。つまり、重力ポテンシャルとは、実は、**時間（および空間）における長さの尺度を定める量**なのである。

(1.19)式によると、天体から充分離れた地点に比べて、天体近くに置かれた時計は、ゆっくり進むことになる。ただし、時計だけでなく、あらゆる物理現象がゆっくり進むので、天体近くにいる人は自分たちの時間が遅れているとは感じない。逆に、遠くの出来事がシャカシャカとスピードアップされているように見えるはずである。

基準となる尺度が変化すると、時間と空間に“ゆがみ”が生じる。うっかり本に水をこぼしたとき、水を吸った紙面が波立つことがある。紙面において長さの尺度となるのは、紙の繊維同士の間隔だが、水の中で繊維が移動するため尺度が変化する。そのせいで紙面が平らでいられなくなって、デコボコが生じ波立ったようになるのである。時間と空間でも同じような現象が生じる。重力の作用によって尺度が変わると、時間・空間がゆがんでくる。

重力が作用した結果だとニュートンが見なした物体の速度変化は、実は、時間や空間がゆがんでいるせいで生じたものである。力が作用しない場合、物体は慣性の法則に従って空間内部をまっすぐに進もうとする。しかし、重力のせいで時間・空間がゆがんでいるため、まっすぐに進むことができずにカーブを描いてしまう。このカーブした動きが、地表付近における放物運動や、楕円や双曲線を描くケプラー運動なのである。

一般相対論は、ニュートン以来の積年の謎を解決した。なぜ、重力だけが作用するとき、あらゆる物体が質量によらずに同じ加速度で運動するのか。その理由は、どの物体も同じ時間・空間の中を運動しており、動きの変化は、どの物体から見ても等しいゆがみによって生じるからである。

さらに、アインシュタインが導いた重力方程式によると、重力源となる物体が移動するとき、その影響が遠方に一瞬で伝わるのではなく、近傍の重力ポテンシャルから逐次的に変化していくことが示される。このことは、重力に関しては、作用・反作用の法則が成り立たないことを意味する。重力の場合は、物体同士の力に関する作用・反作用の法則に代わって、重力源となる物体と周囲の重力ポテンシャルの間の相互作用に対する制限として、新たな法則が必要となる。

2個のブラックホールが合体する場合のように、巨大な質量を持つ天体が急激に移動するとき、周囲の重力ポテンシャルは即座に追随できず、質量の移動に伴う重力ポテンシャルの変動が波の形になって周囲に拡がっていく。これが「重力波」である。2015年には、アメリカの砂漠に設置された巨大なレーザー干渉計型重力波検出器LIGOを用いて、13億年前に太陽の29倍と36倍の質量を持つ2個のブラックホールが合体した際に放出された重力波が、世界ではじめて観測された。

第2章

電磁気学

粒子と場

ニュートンは、力が満たすべき運動方程式を提示しただけで、「力とは何か」という問いに答えることはなかった。作用する力を具体的に式で表したのは重力だけであり、物体を接触させたときに働く近接力に関しては、運動方程式を解かない限り、その大きさはわからない。半経験的な近似式として、ニュートン自身による流体抵抗の法則（流体中の小物体に作用する抵抗は速度に比例する）やクーロンによる動摩擦の法則（動摩擦力は速度によらず垂直抗力に比例する）などが提案された。しかし、これらはいずれも粗い近似にすぎず、「近接力とは何か」という問いに答えるものではない。

それでは、近接力の起源は何なのか？「物体は、その本性によって同時に同じ場所に存在できない」といった怪しげな原理を持ち出すことなく、科学的に議論できるようになるのは、ようやく19世紀に入ってからである。ここでスポットライトを浴びるのが、電気と磁気である。

電気と磁気は、古代からその存在が知られていた。電気は、琥珀を擦ると羽毛が引きつけられるような力として。磁気は、磁鉄鉱などに備わった砂鉄を引き寄せる力として。いずれも、空間を飛び越えて働く、きわめて微弱で不可思議な魔術的作用だと見なされた。

しかし、16世紀の科学者ギルバートが、電気や磁気が魔力ではなく、合理的な法則に従う自然現象であることを実験によって示し、科学的な研究が開始される。18世紀末に電池が発明されると、電気と磁気に関するさまざまな実験が可能となり、科学的知見が急速に蓄積された。

20世紀初頭までに明らかにされた電磁気（物理学的には、電気と磁気は単一の現象の2つの側面なので、併せてこう呼ぶことが多い）の実態は、かつて思われたような微弱な魔術的作用ではなく、人間が目にする物理現象全般にわたって、重力とともに支配的な役割を果たす、自然界の根幹だった。

さまざまな化学反応や燃焼、相変化（気化や融解のような気体・液体・固体間の状態変化）といった現象は、すべて電磁気的な作用に起因する。

そもそも、物質が固体のようにまとまって存在できること自体、電磁気のおかげである。通常の物質は、すべて電荷を持つ荷電粒子から構成され、粒子間の電気的な作用によって相互に結合している（ただし、宇宙全体で見ると、「暗黒物質」のように荷電粒子を含まないガス状の物質の方が多い）。

荷電粒子が相互に及ぼし合う作用は、電磁場を介して伝わる。電磁場は、かつてのエーテルに代わって、空間の至る所に存在し電磁気的な作用を媒介するものと見なされた。

以上のような知見を基に、科学者たちは、ある明確な世界像を構築した。この世界のあらゆる物理現象は、荷電粒子から構成される物質と、電磁場（および重力ポテンシャルとして表される重力場）に媒介される力とが作り上げるという見方である。世界は、粒子と場の相互作用によって成り立つと言ってもよい。

こうしたシンプルな世界像は、残念ながら、20世紀に発展した現代的な物理学によって大幅な修正を余儀なくされる。しかし、粒子と場の相互作用によって物理現象が生起するという二元論的な見方は、単純でわかりやすく、物理学的な理解を進める一つのステップとしては役に立つ。そこで、修正された見方に関しては第3章以降で説明することにして、本章では、粒子と場の相互作用という単純化された観点から、電磁気の現象を見ていきたい。

もっとも、高校レベルの電磁気学を学習するのは、かなり面倒くさい。大学レベルになると、マクスウェルとローレンツによる基礎方程式さえ認めれば、大半の応用は微積分を機械的に適用するだけで導ける。理論の構造を見通すことは容易である。しかし、微積分が使えないとなると、個別に“公式”を提示し、その意味を説明するしかない。書く方も読む方も、うんざりする。

数式に馴染みのない読者は、初読の際には文章だけを抜き読みし、余裕のあるときに数式も含めて理解していくことをお勧めする。たとえ数式がわからなくても、電磁気現象のイメージがつかめれば、それを頼りに、「ケーススタディ」に記した現代物理学の諸問題、例えば、ブラックホールのジェットやくりこみ理論についての手がかりが得られるはずである。

2-1 静電気力と物質の構造

内部を真空にしたガラス管にプラスとマイナスの電極を封入し、電極間に高い電圧を加えると、マイナス極（陰極）の側から陰極線と呼ばれるビームが放射される。このことは19世紀後半に発見されていたが、世紀末になって、ビームの実体が、負電荷を持つ粒子の流れだと判明した。後に電子と命名されるこの粒子は、通常の物質内部に、1キログラムあたりの個数が何十桁にもなるほど大量に存在する（コップ一杯、約10モルの水には、6の後に0が25個も続く数の電子が含まれる）。これら膨大な電子は、どれも同じ質量と電荷を持つ。なぜ、すべての電子の質量と電荷が等しいのか、その理由は、完全に解明されてはいない。第3章では、理論的に説明する一つの方法を紹介する（p.146）。

これほど数多くの電子があるにもかかわらず、人類がその存在になかなか気づかなかったのは、きわめて小さく軽いからである。現在の標準的な物理学理論では、電子の大きさを定義することができず、大きさがないものとして扱う。また、電子1個の質量は、およそ1キログラムの1000兆分の1の1000兆分の1（ 0.9×10^{-30}kg ）というきわめて小さな値である。

軽い電子は、わずかな力を加えることで素早く動いて、さまざまな現象を引き起こす。身の回りで起きる電気的な現象の大半は、動き回る電子によるものである。金属などに電圧を加えると電流が流れるが、この流れは電子が移動することによって生じる。ただし、電流の正体がわからなかった時期にその向きを定義したため、電子の移動する向きが電流の向きと逆になるという、学生を混乱させる不都合が生じた。

電子が電気的な現象の主たる担い手であることから、その電荷の大きさを電気素量（記号 e で表す）と呼び、電磁気現象を精密に測定する際の基礎とする。

実用的な電荷の単位であるクーロン［C］を使うと、e の値は次のように表される※1。

$$e = 1.6 \times 10^{-19}[\mathrm{C}] \qquad (2.1)$$

電気素量という名前が付けられているものの、これが電荷の最小単位なのではない。素粒子（根源的な物理現象の担い手となる粒子で、電子もその一種）の中には、電気素量の 3 分の 1 や 3 分の 2 の電荷を持つものが存在する。

原子と原子核

物質内部に電子が存在することは 19 世紀中に判明したが、それ以外に何がありどんな構造をしているかは、なかなかわからなかった。何十年にもわたる実験と理論の積み重ねの上に明らかになったのは、通常の物質が、負電荷を持つ電子と、正電荷を持つ原子核という 2 種類の粒子から構成され、それ以外の物質的存在を含まないことである。

原子核の電荷は、必ず e の整数倍の電荷を持つ。この整数は原子番号と呼ばれ、一般に Z で表される。電荷が電気素量の整数倍になる理由は、原子核の構成要素によって説明される。原子核は、実は、$+e$ の電荷を持つ陽子と、正電荷も負電荷も持たない中性子が、それぞれ何個かずつ緊密に結合した複合的なシステムなのである。原子番号 Z は、陽子の個数に等しい。

大きさが定義できない電子と異なり、原子核には、陽子や中性子の分布範囲という大きさがある（陽子・中性子にも大きさがある）。この大きさは、陽子・中性子の個数が増すほど増大する。陽子 2 個・中性子 2 個からなるヘリウム原子核の半径が 1000 兆分の 1 メートルなのに対して、陽子 82 個・中性子 124～126 個からなる鉛原子核の半径は、1000 兆分の 6 メートル程度である。

原子核の周囲には、電気的な力に引き寄せられて電子が集まり、原子核と電子だけでまとまったシステムを形作る（**図2-1**）。このシステムは、しばしば原子と呼ばれる。ただし、現代物理学では、原子とは何かが明確に定義されておらず、電子の個数も、陽子の個数に近いとしか言いようがない。

原子の大きさは、電子が動き回る範囲として与えられる。ヘリウムの原子半

※1　電磁気現象に関しては、もともと電流のアンペア［A］が基本単位だったが、2018 年の国際度量衡総会で、電気素量を基本的な定数とするように変更された。(2.1)式の係数は、正確には 1.602176634 という誤差のない値であり、この式が、クーロンという単位の《定義》となる。

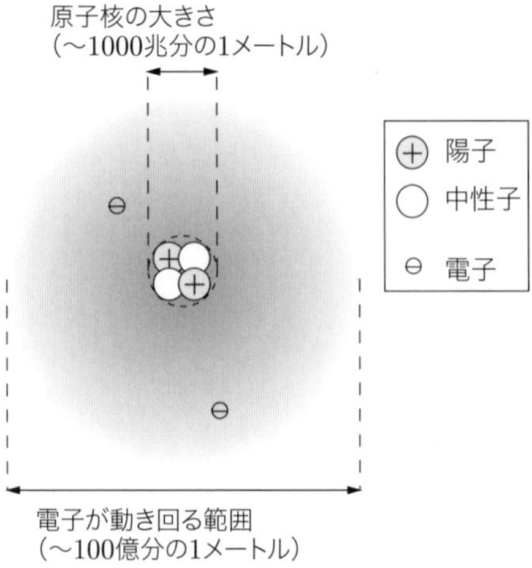

図 2-1 原子の構造

径は 100 億分の 0.3 メートル、鉛の原子半径は 100 億分の 1.8 メートル程度である。原子の半径は、原子核より 5 桁ほど大きい。

陽子・中性子の質量は、電子の 1800 倍あまりである。原子核の質量は電子の数千倍以上となり、原子と比べると遥かに小さいのに、ずっしり重い。このため、軽い電子が素早く動き回るのに対して、原子核(および、原子核のすぐそばに固く束縛された電子)は、あまり動けない。物質内部には、数多くの原子核が存在するが、物質がどのような構造を取るかは、そうした原子核の隙間にどのように電子が入り込むかによって決定される。

クーロンの法則

電荷分布の時間的な変動が無視できる静電気のケースについて、電気的な力(静電気力)がどうなるかを見ていこう。

電荷間にどのような力が働くかは、18 世紀後半に、クーロンやキャベンディッシュらが行った実験によって明らかにされた。それによると、電荷間の力は万有引力の法則と似ており、それぞれの電荷の積と、距離の逆 2 乗に比例する。これを「クーロンの法則」という。ただし、重力が常に引力になるのに対して、静電気力は、電荷が異符号のときは引力、同符号のときは斥力（互いに遠ざけ合う力）となる。**電気的な力が引力にも斥力にもなるという性質は、物質が安定した大きさと形状を保つ上で、本質的な役割を果たす。**

電荷 q と Q に帯電した2つの小物体を大きさが無視できる粒子と見なし、互いの距離を r としたとき、クーロンの法則によると、電荷間に働く力の大きさ f は、次式で与えられる。

$$f = k\frac{qQ}{r^2} \tag{2.2}$$

k はクーロンの法則の比例係数で、単位系によって値が異なる。電荷をクーロン［C］単位で表すことにすると、比例係数 k は次の値となる。

$$k = 0.9 \times 10^{10}[\mathrm{N \cdot m^2 \cdot C^{-2}}] \tag{2.3}$$

電気的な力は、物質を結合させる基となるものである。ただし、厳密な議論をするのは難しいので、ここでは、大幅に単純化して説明しよう。

最も単純な原子核と電子のシステムは、1個の陽子と1個の電子が電気的な引力で結合した水素原子である。水素原子が安定な状態にある場合、陽子と電子の距離の平均値は、100億分の0.5メートルである。陽子と電子の間隔がこの値になったとき、クーロンの法則を使って、2つの粒子の間に働く力を求めてみよう（実は、原子サイズになるとクーロンの法則は厳密には成り立たず、以下の計算は、電気的な力が物質の性質を支配するほど巨大であることを、実感してもらうためのものでしかない）。

水素原子内部で陽子と電子の間にクーロンの法則に従う力が働くと仮定すると、(2.2)式に(2.1)(2.3)式で与えられる e と k 、それに r として100億分の0.5メートルという値を代入することにより、そのおおよその大きさが求められる。

$$f = 0.9 \times 10^{10} \times \left(1.6 \times 10^{-19}\right)^2 / \left(0.5 \times 10^{-10}\right)^2 \approx 0.9 \times 10^{-7}[\mathrm{N}]$$

約1千万分の1ニュートンというと、いかにも小さい力だと感じられるかもしれない。しかし、仮にニュートンの運動方程式 $f = ma$ が成り立つとすれば、電子の質量 m がきわめて小さい（およそ10のマイナス30乗キログラム）せいで、この力は、10の23乗メートル毎秒毎秒という巨大な加速度を生み出す。地上付近の重力加速度が9.8メートル毎秒毎秒なので、力の効果は比べものにならないほど巨大である。

物質内部にある電子と原子核（水素の場合は陽子）は、この巨大な力によって結びつけられており、容易に壊れないのである。

物質を結合させる力

それでは、多数の原子核と電子から構成された一般的な物質ではどうなるのか？ 同符号の電荷間には斥力が働くのだから、原子核同士、電子同士が反発して物質がバラバラになりそうだと思えるかもしれない。手始めに、陽子2個（陽子1と陽子2）と電子1個からなるシステムを考えてみよう。

このシステムは、2個の陽子が反発し合うので、安定した状態を維持できないようにも見える。しかし、陽子の間に電子が入り込むと、そうとは限らない。話を簡単にするため、陽子1・電子・陽子2がこの順に等間隔で一列に並ぶものとしよう（**図2-2**）。

ここで重要なのは、距離と力の関係である。陽子1は電子から引力、陽子2から斥力を受けるが、陽子2までの距離は電子までの距離の2倍になるので、クーロンの法則に従えば、斥力は引力の4分の1になる。陽子同士は反発し合うにもかかわらず、間に電子が入ることで、全体としては陽子同士が引き合う方向に力が働くことになる。この力が、2個の陽子を一つにまとめる作用をもたらす。

もっとも、鋭い読者は、この議論はおかしいと気がついただろう。電子が2個の陽子を結ぶ直線から離れようとしたときには、陽子からの引力によって直線上に引き戻される。しかし、例えば陽子1の方に少し近づいた場合、陽子2から離れることになるため、陽子1からの引力が陽子2からの引力を上回る。その結果、電子は陽子1に引き寄せられて、最終的にはくっつくはずである。そうなると、陽子と電子の電荷がそれぞれ $+e$ と $-e$ のために打ち消しあって電気的に中性になるので、陽子2を引き留める力がなくなり、このシステム

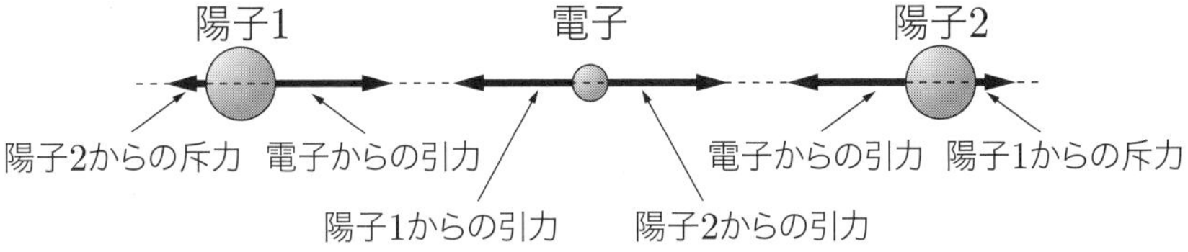

図 2-2 2個の陽子と電子に働く力

は壊れてしまう。

こうした問題に20世紀初頭の物理学者は悩まされたが、最終的に、驚くべき解答に到達した。電子は実は粒子ではなく、ニュートン力学にも従わないのである。その振る舞いを記述する「量子論」に関しては、第3章で改めて説明するが、ごく大ざっぱに言うと、電子が波として振る舞うことで共鳴状態を形作るため、陽子とくっつかないのである。

陽子2個と電子からなるシステムは、水素分子イオンと呼ばれる。通常の物質内部では、ほかの原子と接触するとすぐに化学反応を起こして壊れてしまうが、孤立しているときには安定なので、物質密度の低い宇宙空間では、壊れることなくいつまでも存在し続ける。

物質の構造

物質が安定した構造を持つのは、正電荷を持つ原子核の間に負電荷を持つ電子が入り込むことで、結果的に原子核同士が引き合うような結合力を生み出すからである。ただし、電子の多くは、特定の原子核の近くに束縛されており、結合力に関与するのは比較的少数の電子である。こうした電子がどのような状態になるかは、物質の種類によって異なる（以下、高校化学で習う内容が続くが、化学と物理がひとつながりの学問であることを感じ取っていただきたい）。

▶共有結合

間に入る電子がどちらか一方の原子核に束縛されるのではなく、水素分子イオンのように、双方の原子核に共有されながら結合力を生み出すケースは、共有結合と呼ばれる。共有結合は、ほとんどの分子や非金属の結晶で見られる。

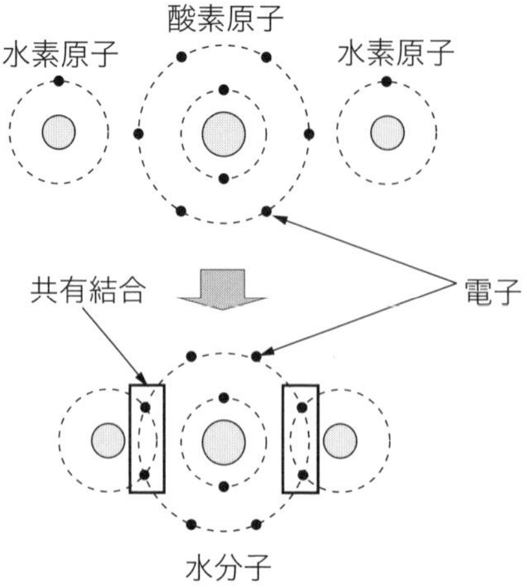

図 2-3　**共有結合**

例えば、$Z=1$ の水素原子核2個と $Z=8$ の酸素原子核、10個の電子が結合すると、中性の水分子ができる。このとき、水素原子核と酸素原子核の間には、それぞれ2個ずつの電子が入り込んで両側の原子核に共有され、結合を強固にする。全部で10個の電子のうち、2個の電子は酸素原子核の近くに固く束縛される。水素と酸素に共有される電子（計4個）を含めた残りの8個は、相互に作用を及ぼしながら、酸素原子核の周囲で安定した状態を形作る（**図2-3**）。

▶イオン結合

何種類かの元素から構成される結晶の場合、共有結合とは異なり、電子が特定元素の原子核に偏って集まることがある。電子の個数が原子番号以上に集まって負に帯電した電子・原子核システムを陰イオン、逆に電子が不足して正に帯電したシステムを陽イオンと呼ぶ。陰イオンと陽イオンが電気的な引力を及ぼし合って結合することを、イオン結合という。

塩化ナトリウム（食塩）の結晶は、陽イオンのナトリウムと陰イオンの塩素のイオン結合によって形作られた、イオン結晶である（**図2-4**）。

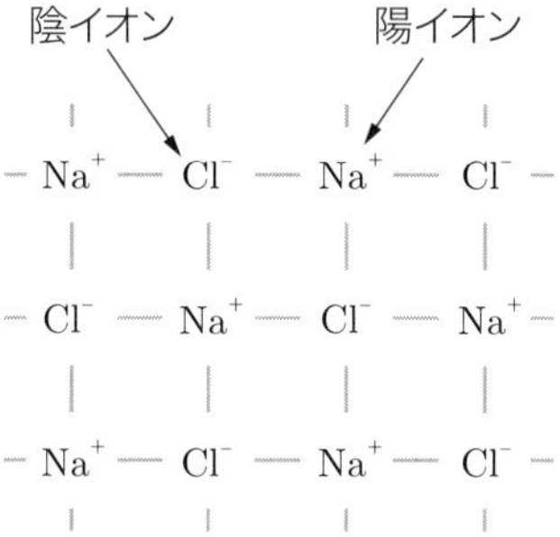

図 2-4 イオン結合

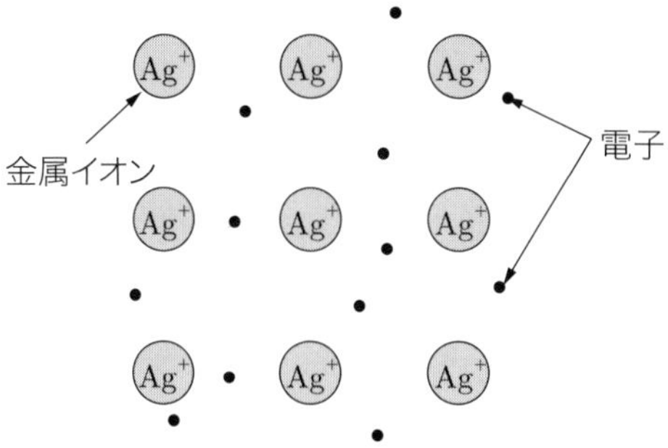

図 2-5 金属結合

▶ 金属結合

金属原子では、それぞれの原子核の周囲に原子番号以下の個数の電子が束縛されて陽イオン（金属イオン）となり、それ以外の電子は、原子核から離れて自由に動き回れる自由電子となる。金属とは、間に入り込んだ自由電子が生み出す引力によって金属イオンが結合した物質と言ってよい（**図2-5**）。

電荷を持った自由電子が動き回るので、金属は電気をよく通す良導体となる。また、共有結合のように電子が特定の原子核に束縛されていないため、外部から力を加えると、電子が移動しながら塑性変形を起こしやすい。

▶ 希ガス

電子が原子核同士を引き寄せる役割を果たせる場合は、多数の原子が結合した物質が形成される。だが、特定の原子核周辺に原子番号と等しい個数の電子が束縛されると、電子と原子核が中性のまとまりを形作ってしまう。こうなると、巨視的な物質は作られず、中性の原子がバラバラになった反応性の乏しいガス（希ガス）となる。ヘリウムやアルゴンなどが、その例である。

▶分子間力

共有結合で結びついた分子同士が分子間力で引き寄せられ、まとまった物質を形成する場合もある。分子間力には、ファン・デル・ワールス力（分子内部の電荷が偏ることで生じる電気的な力）や水素結合（分子内部でプラスに帯電しやすい水素が、酸素や窒素などマイナスに帯電しやすい原子に引き寄せられる力）がある。

分子間力は、一般に共有結合に比べて何桁も弱く、比較的簡単に引き離すことができる。例えば、水の結晶（氷）は、水分子同士が水素結合でくっついたものであり、炭素原子が共有結合で結びついたダイヤモンドよりも遥かに壊れやすい。

近接力の起源

物質が持つ性質の多くは、電子と原子核という2種類の荷電粒子によって構成され、さまざまな電気的相互作用を行うことに由来する。垂直抗力や摩擦力などのいわゆる近接力も、電子・原子核システムの電気的な力から生まれる。

かなりの観察力があったはずの古代の科学者が、なぜ物体は接触したときだけ力を及ぼし合うと考えたのか？ その理由は、全体として電気的に中性で電荷に偏りがない場合、クーロンの法則に由来する力が距離とともに急激に減衰するため、接触していないと力が生じないように見えたからである。

ここでは、簡単なモデルとして、長さ d の短い軸の両端に、$+q$ と $-q$ という絶対値が同じになる正と負の電荷が取り付けられたものを考える（**図2-6**）。物理学では、こうした電荷の対を電気双極子と呼ぶ。

電気双極子が、平面内のある地点に固定されているとしよう。棒の中心から距離 r だけ離れた地点に $+Q$ の電荷が置かれたとき、この電荷が電気双極子

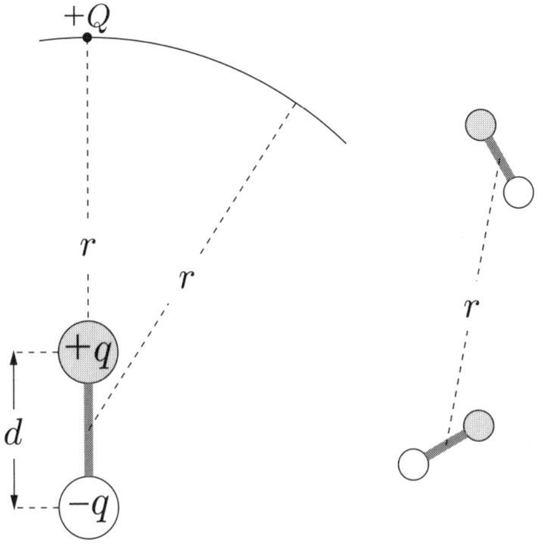

(1)電気双極子と電荷　(2)電気双極子同士

図 2-6　電気双極子の相互作用

から受ける力を計算してみる。

計算を簡単にするため、$+Q$ の電荷が、電気双極子の軸を $-q$ から $+q$ の向きに延長した方向に置かれているとする。距離 r が軸の長さ d より充分に大きいならば、$+Q$ に働く力は、次式で示すように r の3乗に反比例する。

$$f = kqQ\left\{\frac{1}{\left(r-\frac{d}{2}\right)^2} - \frac{1}{\left(r+\frac{d}{2}\right)^2}\right\} \approx \frac{2kqQd}{r^3}$$

計算に際しては、次の近似式を利用した※2。

$$\frac{1}{\left(r \mp \frac{d}{2}\right)^2} \approx \frac{1}{r^2}\left(1 \pm \frac{d}{r}\right)$$

$+Q$ の電荷が電気双極子に対してどの位置にあるかによって、作用する力は変化する。具体的な計算は省略するが、どのような位置関係であっても、力の大きさが、近似的に距離の3乗に反比例することは変わらない。

それでは、電気的に中性である電気双極子同士が相互作用する場合はどうなるか？ かなり煩雑なので、計算過程は示さないが、r が大きいとき、作用する力が距離の4乗に反比例することが示される（微積分の知識のある人は、

※2　この近似式は、「はじめに」で示した（A）式から導かれる。

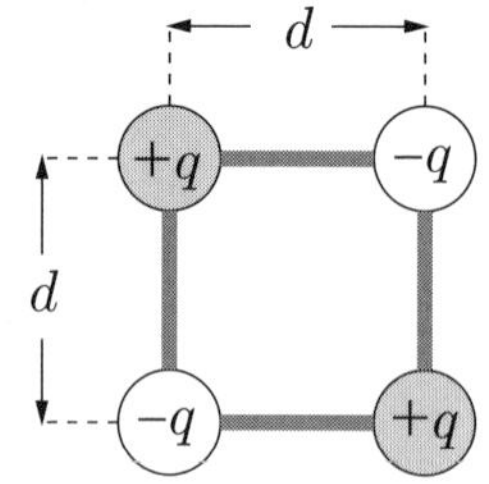

図 2-7　電気四重極子

微小な距離 d だけ離れた正負の電荷に作用するという条件が、微分に相当することに注目すれば、計算できるだろう）。

さらに、図2-7 のように、電気双極子が 2 つ逆向きに並んだケースを考えてみよう。このように電荷が配列したものは、電気四重極子と呼ばれる。

電気四重極子から距離 r だけ離れた地点に置かれた電荷が受ける力を、電気双極子のケースと同じように計算すると、近似的に距離 r の 4 乗に反比例することが導ける。電気四重極子と電気双極子では r の 5 乗、電気四重極子同士では r の 6 乗に反比例する。

べき指数が異なるときの振る舞いを、 n 乗分の 1 のグラフ（ $n = 2, 3, 4, 5$ ）で示そう（図2-8）。このグラフからわかるように、逆 2 乗則に従う場合に比べると、3〜5 乗に反比例する力は、少し離れるだけで急に弱くなる。

電気双極子は、全体として電気的に中性だが、プラスとマイナスの電荷が分離しており、電荷分布に偏りがある。それと比べると、電気四重極子は、単に電気的に中性であるだけでなく、電荷の分離がなく分布の偏りが小さくなっている。このように、中性で分布に偏りがなくなるほど、電気的な相互作用は距離が離れるとともに急激に減衰する。

現実の物質は、電気四重極子よりもさらに電荷分布の偏りが小さい。イオン結合のように、プラスとマイナスの電荷が交互にどこまでも並ぶ場合を考えてみよう（図2-4）。四辺形の頂点に位置する 4 つのイオンを見ると、四重極子のように見えるが、すぐ隣に正負が逆になった四重極子が存在している。二つの四重極子は、互いに相手の作用を打ち消すように振る舞うので、力の減衰はいっ

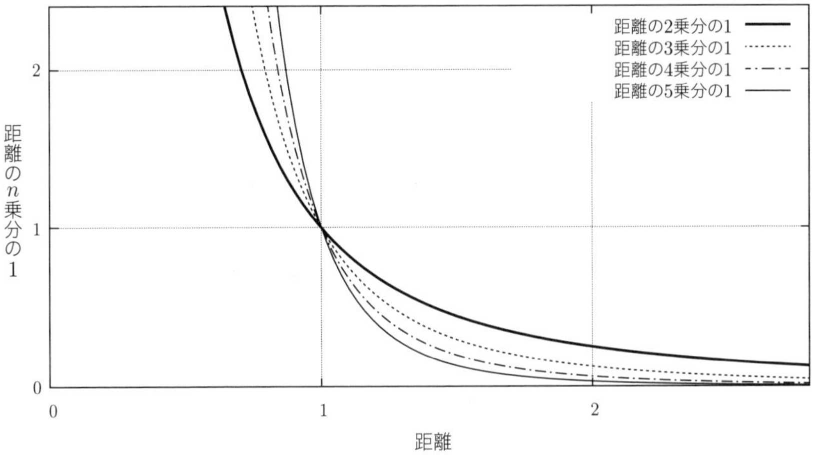

図2-8 「rのn乗分の1」のグラフ

そう速やかになる。

ただし、イオン結合する物質の場合、表面付近では電荷の打ち消し合いが完全ではない。このため、水のように電荷分布の偏った分子からなる液体に浸すと、液体分子が表面の電荷に引っ張られて接近し、イオン同士の結合力を弱めてしまう。イオン結合の力が弱い物質では、陽イオンと陰イオンが分かれて液体に溶け出すこともある。これが、電解質と呼ばれる物質である。

◆◆◆◆◆

物質が電子と原子核という荷電粒子から構成されているにもかかわらず、接触しなければ作用しない近接力しかないように見えるのは、距離が少しでも離れると電気的な作用がきわめて弱くなる結果である。物質がバラバラにならないのは、内部にある荷電粒子が原子のサイズにまで接近し強大な力が作用するからだが、物質同士の間隔が人間の目に見える程度に開くと、もはや電気的な力はほとんど効かなくなる。

電場と電位

物質内部には、膨大な数の荷電粒子が存在するが、全体としては電気的に中性で電荷の偏りもあまりない。このとき、別の荷電粒子を近づけても、電気的な力はほとんど働かないが、この状況をどのように解釈すべきだろうか？ 一つの解釈は、物質内部にある個々の荷電粒子からクーロンの法則に従って力が加わっているのに、これらの力が打ち消し合う向きに作用するため、合力は小さくなったというもの。一方、これと異なる解釈として、近づけた電荷にはそもそも弱い力しか作用しないという考え方もある。

19世紀に電気と磁気の研究が飛躍的に発展する礎を作ったファラデーは、個々の荷電粒子の間に力が働くのではなく、空間の至る所に、電気的な作用を媒介する“何か”が存在すると考えた。現在では、この“何か”は、電気的な作用が生じる場所という意味で、「電場（electric field）」と呼ばれている。

空間のどこかに荷電粒子があると、その周囲の電場はエネルギーを得て活性化され、ほかの荷電粒子に力を及ぼせる状態となる※3。全体として電気的に中性である物質の場合、物質内部にいかに多くの荷電粒子があったとしても、物質から離れた地点で電場はほとんど活性化されない。そこに置かれた荷電粒子は、その場所の電場から弱い力を受けることになる。ほかのすべての電荷から、クーロンの法則に従って力が作用するわけではない。

電場の強さ E（しばしば簡略化して E を電場と呼ぶ）は、その場所に置かれた単位電荷（実用的な単位系では $+1$ クーロンの電荷）が受ける力で表される。置かれた電荷が q クーロンならば、電場から加わる力 f は、単位電荷のときの q 倍になる。式で書くと、次のようになる。

$$f = qE \tag{2.4}$$

(2.2)式のクーロンの法則を使えば、電荷 Q から距離 r の地点における電場の強さ E は、次式となる。

$$E = k\frac{Q}{r^2} \tag{2.5}$$

クーロンの法則は、その形式がニュートンによる万有引力の法則に似ている。ニュートンによれば、ある地点に置かれた単位質量（実用的な単位系では1キログラム）の物体に作用する重力は、その地点における重力加速度（(1.12)

※3　ここでは、わかりやすいように「活性化され（た状態）」と表現したが、物理学者は、「励起（れいき）状態」という難しい言い回しを好む。ちなみに、英語では「**excited state**（興奮した状態）」というイメージしやすい表現になる。

第❶章
第❷章
第❸章
第❹章
終章

式）に等しい。重力加速度は、その地点の重力ポテンシャルから導かれる。これに倣って考えれば、(2.5)式で表される電場も、その地点の“電気的なポテンシャル”、一般的な用語では「電位」と呼ばれる量 ϕ から導くことができる。

ただし、重力と電気的な力の間には、大きな違いがある。重力が万有引力と呼ばれるように常に引力になるのに対して、電気的な力は、電荷が同符号か異符号かによって、斥力にも引力にもなる。電荷 Q が正電荷の場合、$+1$ クーロンの電荷が受けるのは斥力であり、常に引力となる重力とは向きが反対である（(1.12)式における質量 M は必ず正）。このことを表すために、電位の符号は、重力の場合とは逆に取るのが自然である。したがって、電荷 Q の荷電粒子から距離 r の地点での電位 ϕ は、次式で表される。

$$\phi = +k\frac{Q}{r} \tag{2.6}$$

ある電荷に加わる電気的な力は、数学的に言えば、電位の勾配（電位をグラフで表したときの接線の傾き）に電荷の値を乗じたものに等しい。より直観的には、電位のグラフを描いたとき、正の電荷はそのグラフの上を転がり落ち、負の電荷はグラフの下を転がり上がるようにイメージするとわかりやすいだろう（**図2-9**）。

電気力線

重力に関しては、多くの場合、一つの天体の周囲における重力加速度や重力ポテンシャルを考えればよい。なぜなら、人間が扱う物理現象に影響を及ぼすのは巨大な質量を持つ天体からの重力だけであり、こうした天体は、宇宙空間に孤立しているので、多くの重力源を同時に考える必要がないからである。しかし、電気となると、あらゆる物質の中に膨大な数の荷電粒子が含まれるため、(2.5)式を使って個々の荷電粒子が作る電場を考えてもきりがない。理論的には、電荷の分布に応じて周囲の電場を求めることが可能だが、計算にはベクトル解析と呼ばれる高度な数学を必要とし、高校数学の範囲では歯が立たない。

そこで役に立つのが、イメージを重視したファラデーの手法である。彼が考案した電気力線は、電場の状態を視覚的にわかりやすく表現する（**図2-10**）。

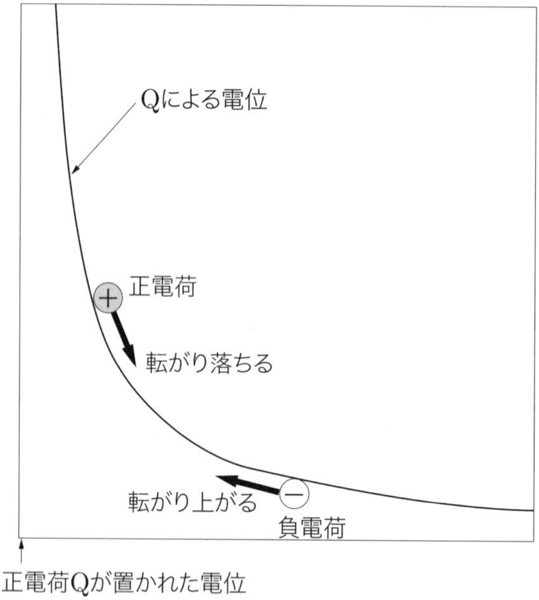

図2-9　電位と電荷

電気力線は、必ずしも厳密に定義されたものではなく、流体の流れ方を図示する流線と同じように、便宜的な道具にすぎない。物理学的に正当なのは、あらゆる場所と時刻における電場を数式で表現する方法である。しかし、次の規則に従って描いた電気力線は、かなり正確に電場の状態を表しており、便利なのでよく使われる。

【電気力線の描き方】

1. 電気力線は、無限遠まで伸びるか、または、電荷に達して途切れるかのどちらかである。
2. 電気力線には矢印で表される向きがあり、電荷に達する場合は、正電荷から出るか、負電荷に入るかのいずれかである。
3. ある電荷に達する電気力線の本数は、電荷の絶対値に比例する。
4. 電気力線は、途中で交差したり分岐したりしない。

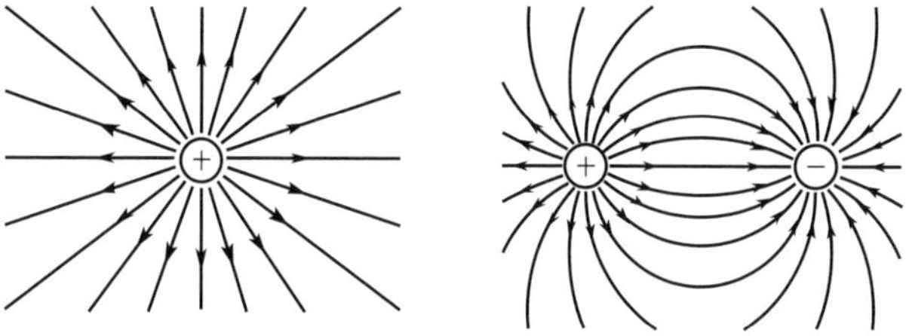

図2-10 電荷の周りの電気力線

5. それぞれの電気力線は縮まろうとし、電気力線同士は反発し合う（**図2-10** 右側の図では、正電荷と負電荷の間の電気力線が縮まろうとするので、電荷が固定されていなければ両者は引き寄せ合う。電気力線同士は反発するので、中間部の電気力線は周囲に向かって膨らむ）。

以上の規則で描いたとき、電気力線と電場の間には、次の関係が成り立つ。

【電気力線と電場の関係】

1. 電場の向きは、電気力線の接線方向・矢印向きとなる。
2. 電場の強さは、電気力線の密度（正確に言えば、電気力線に垂直な面内における面密度）で表される。

【電気力線の描き方】3. に示した性質は、ガウスの法則と呼ばれる一般的な法則である。ここでは、1個の荷電粒子が孤立して存在する場合について考えよう。

クーロンの法則によれば、電荷 Q の荷電粒子を中心とする半径 r の球面上で、電場の強さ E は(2.5)式で与えられる。球面上における電気力線の面密度は、Q から出る電気力線の本数 N を面積 S で割った値に等しい。したがって、電気力線の面密度が電場 E に一致するのは、次の関係式が成り立つ場合である。

$$\frac{N}{4\pi r^2} = k\frac{Q}{r^2}$$

これより、荷電粒子から出る電気力線の本数 N は電荷 Q に比例し、その比例係数は $4\pi k$ に等しい。

$$N = 4\pi kQ \tag{2.7}$$

関係式(2.7)が成り立つのは、孤立した荷電粒子だけではない。電荷が連続的に分布する場合には、ある領域内部の全電荷から出る電気力線の総本数という形に拡張することで、一般的に成り立つ※4。

コンデンサーの電気容量

電気力線を使うと、平行平板コンデンサーの電気容量が簡単に求められる。順番に説明していこう。

同型の薄い平面極板2枚を、ごく狭い間隔を隔てて平行に置き、それぞれ $+Q$ と $-Q$ に帯電させる。このとき、両極板の電荷は、互いに引っ張り合うため内側に集まる。さらに、同じ極板内の電荷は、相互に反発して遠ざかろうとするので、極板上に広がる。極板の間隔が充分に狭く面積が充分に広いと、端に近い一部を除いて、電荷は一様に分布する。その結果、極板間に垂直な方向に一様な電場が生じる（**図2-11**）。

このときの電場の強さ E を、電気力線を使って求めよう。極板上の電荷 Q から出る電気力線の本数 N は、(2.7)式より $4\pi kQ$ に等しい。また、電場 E は、電気力線の面密度 N/S と一致する。これをまとめると、

$$E = \frac{4\pi kQ}{S} \tag{2.8}$$

が得られる。

ここで、極板間の電位がどうなるかを考えよう。静電気力は重力と似ており、電場が場所によらずに一様になった状況は、地表付近の重力加速度が一様なのとよく似ている。したがって、電位 ϕ は、地表付近の重力ポテンシャル（第1章の**図1-12(1)**）と同じように、極板に垂直な方向に一定の割合で変化する

※4　この関係は、電場と電荷に関するガウスの法則を電気力線を使って表したものである。もともとのガウスの法則は、次の積分で表される。

$$\oint_\Omega EdS = 4\pi kQ$$

ただし、dS は面積分を行う際の微小な面要素、E はこの面に対する電場の垂直成分、積分記号に付けた丸は閉曲面 Ω の全域にわたって積分を行うことを表す。閉曲面とは、あ ➚

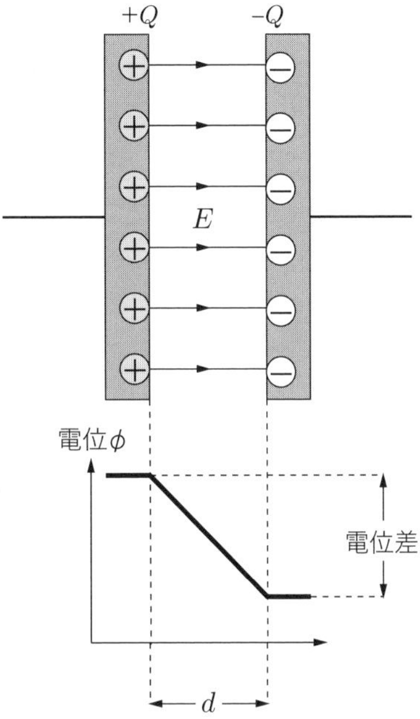

図 2-11 平行平板コンデンサー

はずである。極板の間隔を d 、極板間の電位差（電位 ϕ の差で、電圧とも言われる）を V とすると、電場 E は電位の勾配に等しいので、 V を d で割った値となる。

$$E = \frac{V}{d} \tag{2.9}$$

コンデンサーは、電荷を蓄える装置として利用される。したがって、コンデンサーの性能は、ある電位差で充電したときにどれだけの電荷を蓄えられるかによって決まる。性能の目安である電気容量 C は、蓄えられた電荷（各極板にある電荷の絶対値）を極板間の電位差で割った値 Q/V として定義される。ここで、(2.8)式を使って Q を、(2.9)式を使って V を表すと、平行平板コンデンサーの電気容量として、次式が得られる。

↘ る領域を完全に覆うような縁のない面を意味し、Q は閉曲面 Ω の内側に存在する全電荷である。

$$C=\frac{Q}{V}=\frac{1}{4\pi k}\frac{S}{d} \tag{2.10}$$

この式からわかるように、極板の面積 S が広く、極板間の間隔 d が狭いほど、電気容量が大きい。集積回路に使われる小さなコンデンサーの場合、d を充分に狭くすることで必要な性能を実現している。

ケーススタディ　雷の発生

電気的な現象に関しては、かなりのことが解明されているものの、すべてが完全にわかったわけではなく、多くの謎が残されている。「雷はなぜ起きるか」も、そうした謎の一つである。

雷について、「雷雲の中で鉛直方向に電荷の分離が起き、下層部に蓄積された電子が放電されると稲妻になる」という説明がされることが多い。だが、なぜ電荷の分離が起きるかは、必ずしも明らかでない。ここでは、有力とされる説を紹介したい。

湿度の高い空気塊が気流に乗って上昇すると、凝結した水滴が衝突・合体を繰り返しながら成長していき、高度を増すうちに、氷結して比較的大きなアラレ（霰）の粒子になる。こうしたアラレ粒子が水分を多く含んだ領域に入ると、付近に多量に存在する小さな氷晶と頻繁に衝突する。ここで、適当な条件が整っていると、衝突した粒子間で電荷が移動して、氷晶が正に、アラレ粒子が負に帯電する。電荷が移動する過程は、次のように説明される。固く凝固したアラレの表面に小さな氷晶がぶつかると、衝突のエネルギーが熱に変換され、熱容量の小さな氷晶の表面がわずかに溶けて、薄い水の膜ができる。液体中の水分子は一部が電離して、負電荷を持つ水酸化物イオン OH^- と正電荷を持つ陽子 H^+（または、陽子の周囲に水分子が集まった水和物）になるが、H^+ が氷の結晶に入り込んでつなぎ止められるのに対して、OH^- は速やかに水中に拡がっていくため、水の膜はわずかに負に帯電している。この水膜が氷晶からアラレ粒子の表面に飛び散って氷結するため、アラレ粒子は負の、氷晶は正の電荷を帯びるようになる（**図2-12**）。ただし、温度が高くてアラレ粒子の表面が

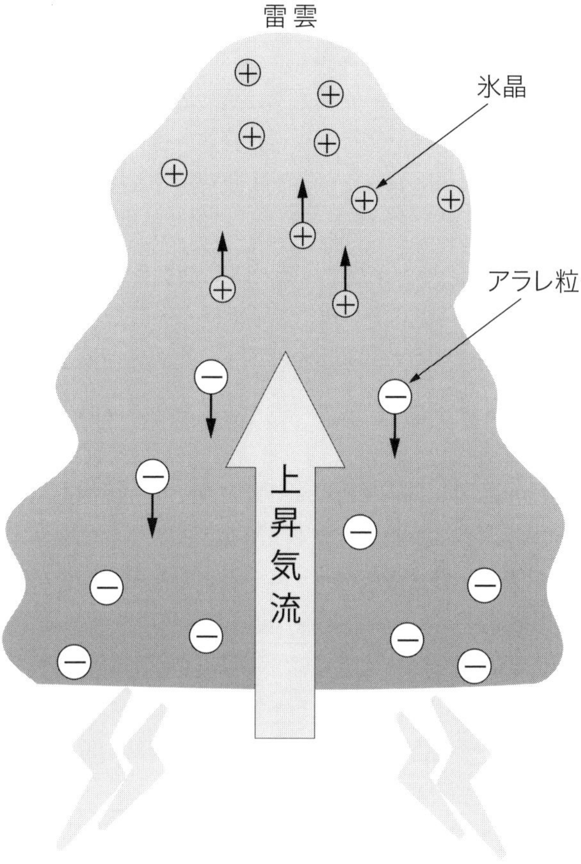

図2-12 雷の発生

溶けていると、衝突の際に OH^- を過剰に含む水分がアラレ粒子から飛び出すため、逆に、アラレの方が正に帯電することもある。充分に強い上昇気流によって空気塊が高高度の低温領域にまで吹き上げられないと雷が起きないのは、そのためである。

上昇気流が弱まると、大きくなりすぎたアラレ粒子は落下を始めるが、小さな氷晶は高高度の領域に留まるので、雲の上層部には正に帯電した粒子が、下層部には負に帯電した粒子が集まり、雷雲特有の電荷の分離が生じる。異符号の電荷は互いに引き合っており、エネルギーを加えないと電荷の分離は起きないが、雷雲の場合、分離に必要なエネルギーは、上昇気流によって供給されたことになる。雷雲下層部にたまった負電荷は地面の表面に正電荷を誘起し、雷雲と地面の間に強い電場が生じる。空気はほぼ絶縁体だが、電場が充分に強いと絶縁破壊が起き、雷雲から地面に向けて大量の電子が流れ込む。これが稲妻である。

雷は、地上から十キロメートル以下の対流圏で発生するが、1989年になって、雷雲の遥か上空となる高度50キロ以上の電離圏（大気がイオンと電子に分かれた状態で存在する領域）でも、スプライトと呼ばれる放電が起きることがわかった。雷雲の上空では、スプライト以外にもさまざまな放電現象が生じているが、完全には解明されていない。

電離圏と地面の間には、常に電流が流れている。この電流を生み出す発電機となるのが、上昇気流のエネルギーを電気的なエネルギーに変換する雷雲（積乱雲）である。雷雲は、地表面の数パーセント以下を覆うだけだが、その領域では、地面から電離圏に向かう強い電流（電荷を帯びたさまざまな粒子の移動）が生じる。一方、雷雲のないところでは、電離圏から地面に向かう弱い電流があり、大気全体が巨大な電気回路となっている。こうした電気の流れは、気候にも影響を及ぼしている可能性があり、現在、人工衛星や地上の高感度カメラによる観測が続けられている。

2-2 磁気と電流

小学校の理科でよく行われる実験に、砂鉄を使って棒磁石の周囲にある磁力線を可視化するというものがある[※5]。棒磁石の上に透明な下敷きを置いて砂鉄を薄く撒き、トントンと軽く振動を加えると、磁石の両極を結ぶ線を描くように砂鉄が移動する。この現象は、磁石の磁力で磁化された砂鉄が互いに力を及ぼし合う結果として生じたもので、物理学的に説明するのは結構難しいが、磁気の作用が目に見える形で現れるので、人気がある。

※5　磁気の作用で生じる力は「磁力」と呼ばれ、磁力の向きと強さを表すのが「磁力線」である。ところが、電気では、電気エネルギーを別のエネルギーに変換して利用する際に、1秒間に消費されるエネルギーを「電力」と呼ぶ習慣がある。このため、電気の作用で生じる力を表す線は、電力線ではなく「電気力線」となる。

こうした実験で示されるように、磁石が存在すると、その周囲における空間領域の物理的な状態が変化して、物質に磁気的な作用を及ぼすようになる。この領域を磁場（magnetic field）という。

磁石にはN極とS極があるので、磁場も向きを定義した方が便利であり、磁石の周囲ではN極からS極に向かう磁場が生じると仮定するのが一般的である。ただし、磁場には「速度の向き」のような目に見える方向性はなく、あくまで便宜的な定義に過ぎない。このため、通例とは逆にS極からN極の向きに磁場を定義しても、なんら不都合は生じない。

外部磁場が存在すると、通常の磁石は、自分の作る磁場の向きが外部磁場と揃う向きに力を受ける。このため、現象としては、N極とS極が引き合い、N極同士、S極同士が反発するように振る舞う。

電気が、物質の結合や近接力の発生など身の回りの大半の現象に深く関わっているのとは対照的に、地上の自然現象において、磁気の効果はあまり目立たない（電気と磁気の絡み合いで生まれる電磁波は別である）。しかし、人類は、電流と磁気が密接に作用し合うという発見をきっかけに、磁気を介して電気を利用する技術を生み出し、20世紀文明の礎とした。本節では、自然現象よりも電気技術に関する内容が中心になるが、これは、磁気に関しては、面白い自然現象が少なく、技術的な応用ばかりが目立つからである。

電流と磁場の相互作用

電池が発明され持続的な電流が簡単に作られるようになると、電流を用いたさまざまな実験が行われた。こうした実験の一つに、電流と磁気の関係を調べるものがある。

1820年、エルステッドは、電流が流れると近くの方位磁石が動くことを見出す。この結果から、電流が磁場を生み出すことが予想された。

議論を簡単にするために、まず、充分に長い直線状の電流を考えることにする※6。この電流の周囲に生じる磁場の向きは、方位磁石がどの方向を向くかによって調べられる。その結果、磁場は、直線電流に対して垂直な面内に、電流を中心とする円の周囲に沿って生じることが判明した（**図2-13**）。電流の周

※6　電流が直線状でない場合は、導線の一部分がどんな磁場を作り出すかを示すビオ＝サバールの法則が必要になる。この法則を基に、導線のすべての部分からの寄与を加え合わせると、電流全体が作る磁場が求められる。しかし、この計算は高校数学の範囲を超えるため、本書では扱わない。

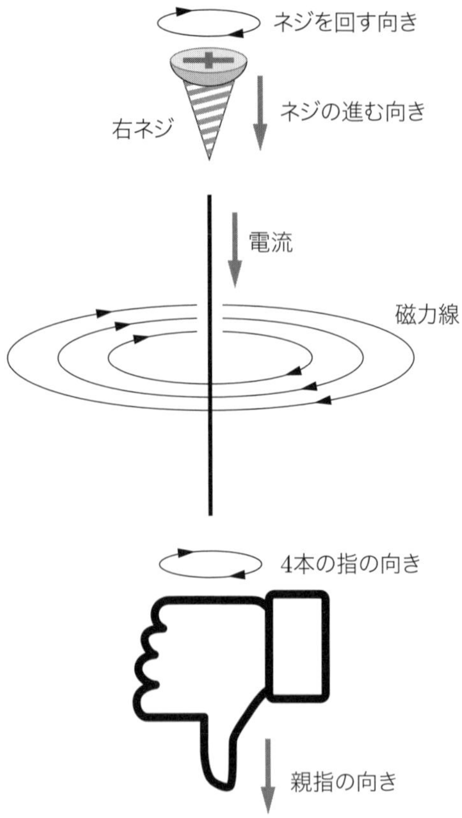

図 2-13　電流と磁場

りの磁力線は、電荷を端とする電気力線とは異なり、どこにも端点がなく、ひとつながりの閉曲線となる。

磁場の向きとして、磁石のN極からS極に向かう向きという（便宜的な）定義を採用すると、右ネジ（時計回りに回すと締まるようなネジ）のイメージを使って磁場の向きを表すことができる。すなわち、右ネジの進む向きに電流が流れる場合、ネジを締める向きに磁場が生じることになる。これを「右ネジの法則」という。ネジを時計回りに回すと締まることは万国共通の取り決めなので、エンジニアにとっては覚えやすい法則である。

一般の人には、右手の親指を立て４本の指を曲げた「いいね！」のサインがわかりやすいだろう。親指を電流の向きに向けたとき、残りの指の曲がる向きが磁場の向きとなる。

磁場が電流に及ぼす力

エルステッドの実験結果を知ったファラデーは、電流が磁場を作り出すのなら、逆に電流は磁場から力を受けるのではないかと考えた。磁石は磁場を作る一方で磁場から力を受けるが、この磁石と磁場の相互関係を、電流と磁場にも当てはめたわけである。彼は、電極として水銀を使うことで導線が動けるようにした装置を考案し、これを使って、近くに置いた磁石から電流が力を受けることを実証した。

磁場が直線電流に及ぼす力の向きを実験で測定すると、磁場と電流の双方に垂直な方向に作用することがわかった。

電流・磁場・力の向きがどのような関係にあるかを表すのが、「フレミングの左手の法則」である（**図2-14**）。左手の親指が人差し指・中指と直角になるようにして３本の指をまっすぐに伸ばしたとき、中指・人差し指・親指の順に、電（流）・磁（場）・力の向きを表す[※7]。電流と磁場は直交していなくてもかまわないが、同じ方向だと力は働かない。

「いいね！」サインで考えると、右手で電流から磁場の向きに４本の指を曲げたとき、伸ばした親指が力の向きになる。

鋭い学生は、電荷は電場の向きに力を受けるのに、なぜ電流は磁場と垂直な向きに力を受けるのか、気になるだろう。実は、磁場の向きとは（すでに記したように）便宜的な取り決めでしかない。数学的に厳密なことを言うと、磁場はベクトルではなくテンソルと呼ばれ、同時に２つの向きを持つ量なのである。便宜的に決めた磁場の向きは、この２つと直交する。したがって、フレミングの左手の法則における電流と力の向きは、磁場が持つ本当の向きと一致する。もっとも、この辺りの議論は、大学３〜４年レベルの話なので、高校物理で取り上げるのははばかられるのだが…。

実験によれば、磁場が電流に及ぼす力の強さは、電流と磁場双方の強さに比

※**7**　英語では、親指“**thumb**”が推力“**thrust**”、人差し指“**forefinger**”が“**field**”、“**center**”にある（あるいは**2**番目“**second**”の）中指が“**current**”を表すので、覚えやすい。

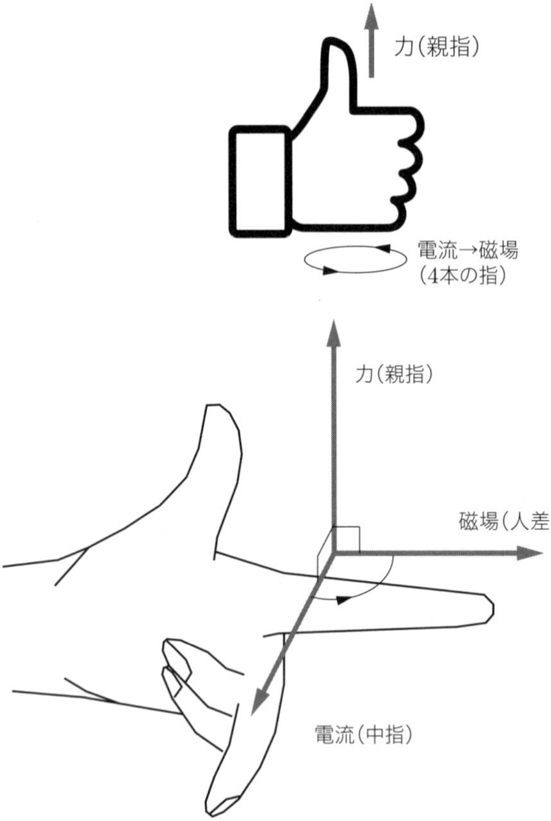

図 2-14 フレミングの左手の法則

例することがわかった。また、直線電流が存在する領域に一定の磁場が加わっている場合、導線のどの部分にも同じ力が働くので、導線全体に働く力は磁場内部にある導線の長さにも比例する。

磁場が電流と直交する場合、力は、磁場の強さ（磁束密度）B 、電流 I 、導線の長さ l の積に比例して決まる（磁束密度という用語が唐突に現れたが、これについては、すぐ後で説明する）。電場 E から電荷 q に加わる力が qE と表されるように、物理学では、力の式に余分な係数をつけないように定義することが多い。磁場から電流に加わる力 F の場合も、係数なしに与えられる。

$$F = BIl \tag{2.11}$$

磁場と電流が直交していない場合は、I を磁場に垂直な電流の成分に置き換えればよい。

磁場が電流に対して力を及ぼすことは、技術的にさまざまな応用を可能にした。例えば、モーターは、回転するコイルを磁石が作り出す磁場の内部に設置して、電流を流すことによりコイルを回転させる力を得る装置である。

ローレンツ力

ファラデーやフレミングが電磁気の法則を次々に見出した19世紀当時は、「電流とは何か」という基本的なことがわかっていなかった。しかし、19世紀末に電子が発見されると、電流とは大量の荷電粒子（主に電子）の流れであることが明らかになる。

電流が荷電粒子の移動だとすると、磁場が電流に力を及ぼす現象は、磁場が運動する荷電粒子に力を及ぼした結果だと考えるのが自然である。この考えによれば、運動する荷電粒子が磁場を生み出し、磁場は運動する荷電粒子に力を及ぼすとも言える。

物質内部に電流が流れるとき、電子はいっせいに同じような運動をするのではない。導体内部の自由電子は、熱による運動エネルギーを持ち、猛烈な速度でランダム（でたらめ）な方向に動き回っている。このときの速さは、平均して秒速1000キロメートル以上にもなる。しかし、右に進む電子もあれば左に進むものもあるので、この運動の効果は、大部分が相殺されて表に現れない。全体としての電荷の移動は、膨大な数の電子がランダムに動き回りながら、ほんのわずかずつ平均的な位置をずらすことに起因する。このとき位置をずらすスピードは、（金属製の導線を1アンペア程度の電流が流れるときには）秒速0.1ミリメートル以下となる。電流として観測されるのは、このゆっくりした電荷の移動である。

現実の電子はきわめて激しく複雑な運動をしているが、その効果はほとんどが相殺され表に現れないので、以下の議論では、激しい運動に目をつぶり、す

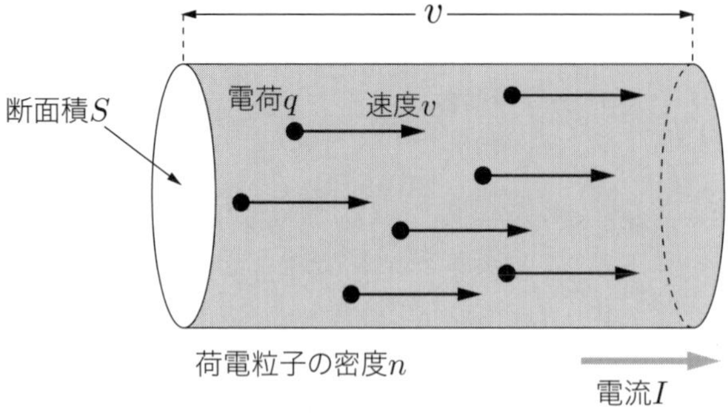

図 2-15 荷電粒子が作る電流

べての電荷が同じ速度でゆっくり動くものと仮定する（**図2-15**）。また、電子の電荷はマイナスで電流の向きとは逆向きに移動するが、イメージしやすいように、プラスの電荷が電流の向きに移動する場合を考える。

電流の大きさは、1秒間に通過する電荷の総量を表す。ここでは、一定の断面積 S を持つまっすぐな円筒状の導線内部に、電荷 q の荷電粒子が単位体積当たり n 個存在しており、電流 I が流れるときには、すべての荷電粒子が一定の速さ v で動くものとする。荷電粒子は1秒間に距離 v だけ移動するので、導線中のある断面を1秒間に通過するのは、体積が vS の内部に存在する荷電粒子である。したがって、断面を横切るのは nvS 個の荷電粒子であり、電荷の総量は $qnvS$ となる。これが、電流 I の値である。

$$I = qnvS \tag{2.12}$$

長さ l の導線内部に存在する荷電粒子の個数は、 nlS 個となる。電流に直交する向きに磁場 B が加わっている場合、速さ v で運動する電荷 q の1個1個に加わる力を f とすると、 nlS 個の荷電粒子すべてに f が加わる。力 f の総和が長さ l の導線に磁場から加わる力 F になるので、次の関係が成り立つ。

$$F = fnlS$$

これを、(2.11)式で与えられる F と等しいと置き、電流 I として(2.12)式を代入すると、次式を得る。

$$fnlS = F = B(qnvS)l$$

整理すると、電荷 q の1個の荷電粒子に加わる力 f が求められる。

$$f = qvB \tag{2.13}$$

(2.13)式は、磁場 B と直交する向きに速さ v で動く電荷 q に加わる力の大きさを表す。力の向きは、フレミングの左手の法則で与えられる。この力 f は、「ローレンツ力」と呼ばれる（物理学者は、(2.4)式と(2.13)式をまとめてローレンツ力と呼ぶことが多い）。

荷電粒子の運動が磁場に直交していない場合でも、((2.11)式のすぐ下でコメントしたように) v として磁場に直交する速度成分を考えれば、(2.13)式はそのまま成立する。

アンペールの法則

磁場が電流（あるいは運動する電荷）に与える作用は以上の通りだが、それでは、電流によって生じる磁場の強さはどうなるのだろうか。

実験によると、直線電流の周りの磁場は、電流に対して垂直な面内に、電流を中心とする円の周囲に沿って、右ネジの法則で定まる向きに生じる（**図2-16**）。磁場の強さ B は、電流の大きさ I に比例し、電流からの距離 r に反比例する。

比例係数を k' とすると、直線電流 I から距離 r の地点の磁場の強さは、次式で表される。

$$B = k'\frac{I}{r} \tag{2.14}$$

半径 r の円周長は $2\pi r$ なので、磁場の強さ（r に反比例）と円周（r に比例）の積は、電流の大きさに比例する。これは、「アンペールの法則」と呼ばれる磁場の強度に関する法則の特殊なケースである※8。

※8　アンペールの法則は、次のような積分の式で表される（「∝」は比例を表わす）。

$$\oint_{\partial S} B dl \propto I$$

ただし、∂S はある閉曲線（端のない閉じた曲線）、S はこの閉曲線に囲まれた面を表し、dl はこの閉曲線に沿った微小な線要素、B はこの線要素に平行な磁場の成分、積分記号に付けた丸は閉曲線 ∂S の一周にわたって積分を行うことを表す。I は、面 S を垂直に横切る全電流である。

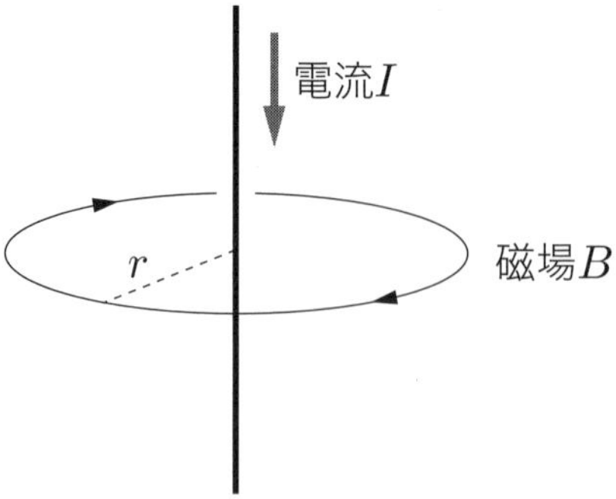

図2-16 アンペールの法則

なお、円形状の導線に一定の電流 I を流したとき、中心付近の磁場は、次式で与えられることが知られている。

$$B = \pi k' \frac{I}{r}$$

この式は、しばしば公式として紹介されるが、実際に導くのは難しい（電流と磁場に関するビオ=サバールの法則を使って導かれる）。物理学的にはそれほど重要な式ではなく、おそらく、最先端の研究を行っている物理学者に質問しても、ほとんど覚えていないだろう。

単位と用語に関する混乱

(2.14)式の比例係数 k' の値は、単位系の選び方に依存する。現在では、電流は荷電粒子の流れと判明しているが、19 世紀には粒子の存在が明らかでなかったため、まず電流の単位が決定された。実は、このときの決定の仕方が、今日に至るまで、さまざまな混乱を引き起こしている。

真空中に間隔 r を隔てて平行に置かれた 2 本の導線に、同じ大きさの電流 I を同じ向きに流すことを考えよう。

平行電流間の力は、一方の電流から(2.14)式で表される磁場 B が生み出される。この磁場は、他方の電流に対して、(2.11)式に従う力 F を加える。式で表せば次のようになる。

$$F = k' I^2 \frac{l}{r}$$

長さや力の単位は力学で与えられるため、比例係数 k' を（使いやすさを考えて便宜的に）決めると、電流 I の単位が確定する。シンプルに $k' = 1$ と置きたいところだが、歴史的には、なぜか $k' = 2$ とする定義が採用された。

以前は、cgs単位系と呼ばれる単位系が使われていた。この単位系では、長さはセンチメートル、質量はグラム、時間は秒を単位としており、それに合わせて、力の単位はダイン（dyn）とされた。電流に関しては、1センチの間隔で平行に置かれた導線に同じ電流を流したとき、導線1センチあたり2ダインの力が加わるような電流の値を1と定義した。この電流の単位は、現在の用語法ではアブアンペア（abA）に相当する。1アブアンペアは10アンペア（A）に等しい。

現在、実用的に用いられる単位系は、長さをメートル、質量をキログラム、時間を秒、そして、電流をアンペアで表すMKSA単位系である※9。この単位系で定義される力の単位はニュートン（N）であり、10万ダインが1ニュートンに等しい。19世紀的な単位の定義をこんにち的なMKSA単位系で書き直すと、次のようになる。

$$2\,[\mathrm{dyn}] = k'\,(\mathrm{cgs}) \times (1\,[\mathrm{abA}])^2 \times \frac{1\,[\mathrm{cm}]}{1\,[\mathrm{cm}]}$$

$$\Rightarrow 2 \times 10^{-5}\,[\mathrm{N}] = k'\,(\mathrm{MKSA}) \times (10\,[\mathrm{A}])^2 \times \frac{0.01\,[\mathrm{m}]}{0.01\,[\mathrm{m}]}$$

cgs単位系で $k' = 2$ だったが、MKSA単位系での比例係数 k' は、その1千万分の1になる。この比例係数を使って、(2.14)式を書き直そう。

$$B = 2 \times 10^{-7} \times \frac{I\,[\mathrm{A}]}{r\,[\mathrm{m}]} = 4\pi \times 10^{-7} \times \frac{I}{2\pi r}$$

後半の変形は、アンペールの法則を考えるとき、円周 $2\pi r$ を使った方がわかりやすいという配慮から行った。

さて、ここで多くの学習者を惑わせる書き換えがなされる。あちこちに数係数が現れると話がややこしくなるので、B とは定数倍だけ異なるもう一つの

※**9**　国際的に広く使われる**SI**単位系は、電気素量 e を基本単位としており、電荷の単位（クーロン）と電流の単位（アンペア）は、電気素量から誘導される。このとき、電荷や電流の値が**MKSA**単位系と一致するように係数（本章注・※**1**における**1.60**…など）が選ばれており、精密測定を行ったときの誤差範囲がわずかに異なるだけで、2つの単位系は実質的に同じものである。

磁場 H が定義されたのである。H と B は、(真空中という条件下で) 次の関係にある (「≡」は定義を表わす)。

$$B = 4\pi \times 10^{-7} \times H \equiv \mu_0 H \quad (\mu_0 = 4\pi \times 10^{-7}) \qquad (2.15)$$

書物によっては、この μ_0 を「真空の透磁率」と記す場合もあり、誤解する人が少なくないが、実際には、真空とも透磁率ともまったく関係がない。単位系や比例係数の選び方を起源とする、単なる数である。最近では、「磁気定数」と呼ばれることが多い。

B と H は、(あくまで真空中という条件付きだが) 定数倍の違いしかなく、どちらも磁場の強さを表す。面積を表すのに、3.3 という定数倍だけ異なる平方メートルと坪という 2 種類の単位があり、建築家が平方メートルを、不動産業者が坪を好むのと似て、理学系の人は B を、工学系の人は H を好んで使う。

高校物理では、B と H のどちらも使われる。B は電流に力を及ぼす磁場を、H は電流の周りの磁場を表すことが多い。同じ名称で混乱しないように、H を磁場 (あるいは磁界)、B を磁束密度と呼び分けるのが高校物理の通例である。ただし、理学系の研究者は、ふつうに B を磁場と呼ぶ。

磁化の扱い

B も H もともに磁場だと書いたが、物質の電磁気的な状態を巨視的に (すなわち、原子スケールの細かな現象は無視して、人間が扱うときに好都合なように) 議論する場合は、定数倍とは別の違いが現れる。これは、磁化という現象が絡んでくるためである。

磁化は、一部の物質がなぜ磁石に引き寄せられるかを説明するために導入された概念で、物質内部に膨大な数の小さな磁石があると仮定する。ただし、厳密に理論で扱うことはかなり難しく、大学レベルの電磁気学を必要とする。大ざっぱに言えば、磁場の強さ H と磁束密度 B の間に、物質の透磁率 μ を介した次の関係式を考える。

$$B = \mu H$$

しかし、μ が物理的に何を意味するかを説明するのは難しく、高校物理では、通常、用語を紹介するだけで終わりにする。

こうした問題があるので、高校物理では、磁化に関して、ごく簡単な説明だけにとどめ、試験問題などには使わないことが多い。磁化を考えないならば、B と H は関係式(2.15)によって定数倍の違いしかない。両者を混ぜて使って混乱しないように、B だけ使用することを推奨する。

近代物理学の基本的な考え方は、「自然法則はシンプルだが、多数の要素が相互作用を及ぼし合うことで複雑な現象が生起する」というものである。ガリレオが空気抵抗や摩擦をゼロと置くことで、シンプルな放物運動の法則を考案したことを思い出していただきたい。

電磁気に関しては、電荷と電磁場が相互作用することによってさまざまな現象が生じる。相互作用の法則自体はシンプルだが、きわめて多数の電荷と至る所に存在する電磁場が相互に作用し合うことで、豊かで精妙な世界が実現されるのである。B と H という 2 種類の磁場を考えて状況をいたずらに複雑化するのではなく、B という単一の磁場だけを考えることで法則の単純さを理解してほしい。磁化が生じると、それに伴ってさらに複雑な現象が引き起こされるのだが、それは大学レベルの物理で勉強すればよいことである。

◆◆◆◆◆

なお、工学系の書物では、誘電分極という現象を論じる際に、電場 E と電束密度 D を使い分けることがあるが、高校物理の段階では無視した方が無難である。言葉の上では、電場 E と磁場 H 、電束密度 D と磁束密度 B が対応するように見えるが、理論的には、電荷に及ぼす作用を表す E と B が基礎的な物理量であり、D と H は、巨視的な振る舞いを扱いやすくするための便宜的な変数にすぎないからである。

磁場内部での電荷の運動

電場がなく静磁場（時間とともに変動しない磁場）だけが存在する領域に、荷電粒子が飛来する場合を考えよう。粒子には磁場からローレンツ力が作用するが、この力は、常に速度に直交する向きになる。

直観的にわかるように、速度と同じ方向に作用する力は、同じ向きならば加速、逆向きならば減速の効果をもたらす。しかし、速度と直交する力は、運動の向きを変えるだけで、加速や減速を行わない。このため、静磁場内部を運動する荷電粒子は、磁場によって運動方向を曲げられはするものの、速さは変わらない。運動エネルギーも一定なので、一般的な法則として、「静磁場内部で運動する荷電粒子の運動エネルギーは変化しない」と言ってよいだろう。

まず、磁場の向きと大きさが、どこでも同じになる一様磁場のケースを考えてみよう。粒子の速度を、磁場に平行な成分 V と、磁場に垂直な面内の成分 $\vec{v}$ （2 次元のベクトルなので矢印を付ける）に分解する。ローレンツ力は磁場に垂直な方向に作用するので、その影響は、垂直面内の速度 $\vec{v}$ の向きを変える効果だけになる。

ローレンツ力は、面内の速度成分 $\vec{v}$ に対しても、直交する向きに作用する。その大きさは、(2.13) 式の通り qvB （ v は $\vec{v}$ の絶対値）となる。静磁場内部で荷電粒子の運動エネルギーは変化せず v が変わらないので、ローレンツ力の大きさも一定である。「運動方向に対して垂直に一定の力が加わる」運動としては、第 1 章 1-2 節で紹介した地球の周りを等速円運動する小物体（リンゴ）のケースがある。磁場内部の荷電粒子も、重力の場合と同じように考えれば、等速円運動を行うはずである。

重力の場合、地球の中心に向かう加速度は重力加速度 g に等しく、その大きさは、円運動の半径を R とすると (1.8) 式で与えられる。荷電粒子の運動では、ローレンツ力を粒子の質量 m で割ったものが中心向きの加速度に等しく、それが (1.8) 式の右辺と同じなのだから、次のように置くことができる。

$$\frac{qvB}{m} = \frac{v^2}{R}$$

R について解けば、

$$R = \frac{mv}{qB}$$

を得る。

静磁場内部に侵入した荷電粒子は、磁場に垂直な面内では、半径 R の等速

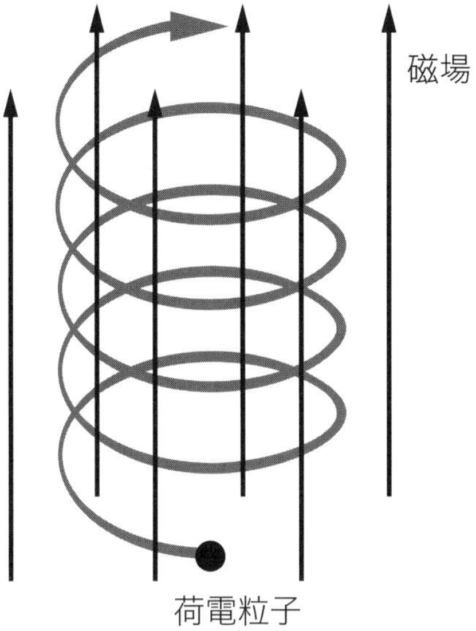

図 2-17　荷電粒子のらせん運動

円運動をする。一方、磁場に平行な速度成分は変化しない。したがって、静磁場内部における荷電粒子の運動は、磁力線に巻き付きながら、磁力線に沿って一定の速さで進むらせん運動となる（**図2-17**）。静磁場内部での荷電粒子の運動を考えるときには、まず、このイメージを思い描くとわかりやすい。

巻き付くときの向きは、フレミングの左手の法則で決まるが、ここでは、イメージしやすい方法を教えよう。電磁気現象は、原因となるものを打ち消すように進行することが多い。後で述べる電磁誘導におけるレンツの法則が、その典型である。静磁場内部での荷電粒子も、磁場に巻き付くような運動を行うことで磁場を生み出すが、これが元々の磁場を打ち消す向きとなる。したがって、「いいね！」サインにおける親指を、外部から加えられた静磁場と逆の向きに向けると、残りの４本の指の回る向きが電流の向き（正電荷ならば円運動の向き、負電荷ならば運動と逆向き）となる。

荷電粒子が磁力線に巻き付くようにらせん運動をすることは、磁場が一様でなくても起きる一般的な現象である。磁場内部の荷電粒子の運動は、磁気嵐のような大気現象や、高エネルギー荷電粒子を磁場で閉じ込める核融合発電などを議論する際に重要になる。このとき、「荷電粒子は磁力線に巻き付く」というイメージがあると、現象の全体像を把握する上で役に立つ（具体的な事例として、【ケーススタディ】でブラックホールのジェットについて説明する）。

電磁誘導の法則

近代電磁気学の歴史でハイライトとなるのは、電場の変動が磁場を誘起し、磁場の変動が電場を誘起するという相互関係の発見である。

発端は、ファラデーが、コイルに棒磁石を挿入する際、棒磁石が動いているときだけ検流計の針が振れると気づいたことである（**図2-18**）。棒磁石が動くとき、コイルの導線が置かれた場所の磁場が変動しており、これが導線内部に電場を生み出して電流を流したと考えられる。磁場の変動によって導線内部に生じる起電力（電流を流すような作用）を誘導起電力という。誘導起電力によって流れる電流が、誘導電流である。

電磁誘導の法則は、高校数学の範囲では簡単に記述できない。ここでは、変動する磁場の内部に置かれた一巻きコイルに生じる誘導起電力に限って論じる。

一巻きコイルの場合、コイルに生じる誘導起電力の大きさは、コイルを貫く磁束の時間変化率に比例する[※10]。磁束 Φ は、一般的には積分を使って定義されるが、仮に、磁場はコイル内のどの地点でも向きや大きさが同じで、コイルの面は平らだとすると、次式で与えられる。

$$\Phi = BS$$

ただし、S はコイル面の面積、B はこの面に対する磁場の垂直成分とする。先に、磁場 B のことを磁束密度とも書いたが、その理由は、磁束が B と面積の積になるからである。

どちら向きに電流が流れるかという起電力の向きは、「レンツの法則」によって決められる。レンツの法則とは、起電力の向きが「磁束の変化を妨げる向き」になるというもの。磁場がコイルを貫く場合に「いいね！」サインで表す

※10　電磁誘導の法則は、次式で与えられる。

$$\left|\oint_{\partial S} E dl\right| \propto \left|\frac{d}{dt}\int_S B dS\right|$$

∂S はある閉曲線、S は ∂S を縁とする面。左辺は、電場 E を ∂S の接線に沿って一周積分したものの絶対値、右辺は、磁場 B の S に対する垂直成分を面全域にわたって積分したものの時間微分の絶対値である。比例係数の値は、単位系によって異なる。

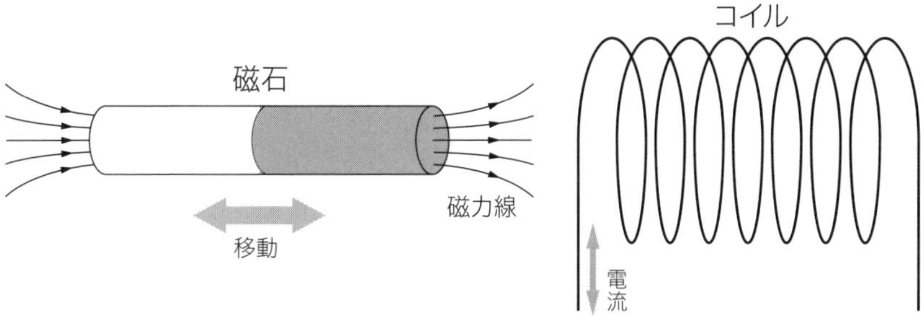

図2-18 電磁誘導の法則

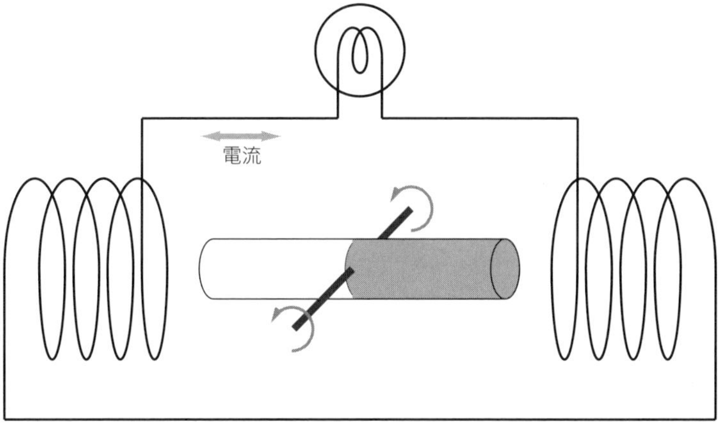

図2-19 発電機

と、磁束が減少するときには、磁場の向きに右手の親指を向けたとき、残りの4本の指が回る向きに起電力が生じる。磁束が増加するときには、親指を磁場と逆向きに向ける。

磁場が変動するときに起電力が生じるという法則を使うと、磁石とコイルを使って発電機を作ることができる。最も簡単なのは、**図2-19**のような発電機で、磁石をコイルの間で回転させて発電する。この発電機は、自転車のライトを点灯させるためなどに使われる。

ここで一つ、難しい問題を出そう。円形コイルに発生した誘導起電力は、コイルに電流を流すような電場を作り出す。それでは、コイル内部の電位差はどうなるのか？

正解は、「電位差を考えても意味がない」である。電位という概念が使えるのは電場や磁場が変動しない場合であり、これらが時間とともに変動するときには、電位ではなく、より一般的な電磁ポテンシャルという量を使わなければならない。誘導起電力が発生するようなケースでは、電場や磁場が変動しているので、電位差という考え方が意味を持たないのである。

ただし、コイルの端を短絡せずに別の回路に接続した場合、誘導起電力をあたかも電位差であるかのように見なしてキルヒホッフの電圧則（回路内で一周すると電位差の総和がゼロとなるという法則）を適用することも、形式的には可能である。こうすれば、交流電源を含む交流回路でも、キルヒホッフの法則が使える。ただし、厳密な物理法則というよりは、あくまで「役に立つ形式的な法則」だと考えていただきたい。

電磁波の発生

磁場が変動すると電場が生まれるが、それと同じように、電場が変動すると磁場が生まれることも、19 世紀に発見された。例えば、**図2-20** のように、極板が円形のコンデンサーに交流電源を接続すると、電場の周期的な変動に応じて、コンデンサー内部の電場を取り囲むような磁場が生じる（電場・磁場の向きは、振動のどの段階にあるかによって異なる）。

磁場が変動すると電場が生じ、電場が変動すると磁場が生じることから、2 つの場が互いに相手を誘起しながら、波となって伝わることができる。この現象は、電磁気に関する法則を方程式の組み合わせとして提案したマクスウェルが、自分が作った方程式の解を探しているうちに、理論的な予測として見出した。さらに、方程式に含まれる定数として実験的に測定されていた値を代入すると、波が伝わる速度として、光速とほぼ等しい秒速 30 万キロメートルという値が得られた。このことから、マクスウェルは、光は電磁波そのものだと考えた。

19 世紀はじめまで、電気・磁気・光は、それぞれまったく別個の現象だと

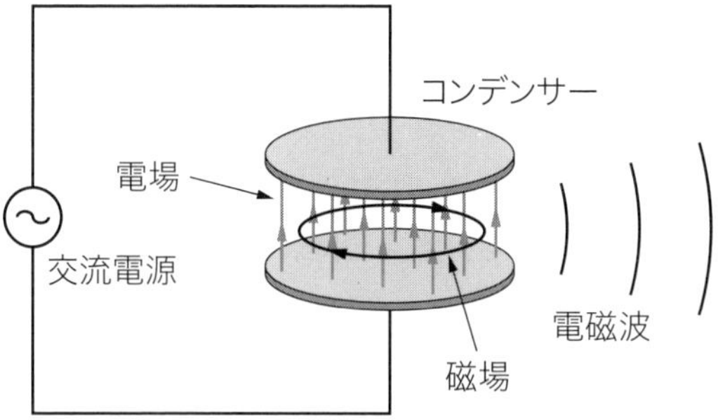

〈図 2-20〉 コンデンサー内部の誘導磁場

思われていた。しかし、ファラデーとマクスウェルの研究により、電気と磁気は互いに関係し合う現象であり、ひとまとまりになって光を生み出すことが判明したのである。

20 世紀に入ると、アインシュタインの相対論によって、電気と磁気は単に関係し合うだけではなく、単一の物理現象の2つの側面であることがわかった。現在では、電磁気という一つにまとめた用語が使われ、電磁気現象を引き起こすのが、すでに述べた電磁ポテンシャルであることが明らかになっている。

ケーススタディ　ブラックホールのジェット

太陽のような恒星からは、恒星風と呼ばれる高エネルギー荷電粒子（電子や陽子など）の流れが放出されている。こうした荷電粒子が地球の近くまでやってくると、地磁気の影響を受ける。荷電粒子の一部は、ローレンツ力の性質に従って、磁力線に沿ってらせん運動しながら地球に接近する。

地磁気の磁極は、北極・南極の近くにあるため、高エネルギー荷電粒子は高緯度地方に侵入する。大気圏に達した荷電粒子は、大気分子と衝突するが、このときエネルギーをもらった分子は、そのエネルギーを光に変換して放出する。この光がオーロラである。オーロラが主に高緯度地方で見られるのは、こうした理由による。

太陽表面で激しい爆発が起きると、大量の荷電粒子が地球に吹き付けられる。このとき、磁力線に巻き付く荷電粒子が膨大な数に上り、エネルギーも大きいため、その運動によって作り出される磁場の影響が無視できなくなる。新たに作られる磁場は、元の磁力線と逆向きに生じるので、地磁気は弱められる。地磁気の変化がきわめて大きいと、電気機器内部に誘導電流を作り出して悪影響を与えることもある。この現象を、磁気嵐という。

宇宙空間で起きる最大の磁気的現象は、ブラックホールの周辺で見られるジェットである。ブラックホールは、あらゆる物質を一方的に吸い込む天体で、渦巻銀河や楕円銀河の中心部分には、通常、超巨大ブラックホールが存在する。銀河がまだ若い頃には、超巨大ブラックホールの周囲にまだ飲み込まれていない大量の物質が存在しており、この物質が渦巻きながらブラックホールに引き寄せられる（**図2-21**）。

渦巻きの軸に垂直な面の内部では、ブラックホールの重力と回転による遠心力が拮抗して、すぐにブラックホールに吸い込まれることはない。一方、渦巻きに垂直な方向には、物質の間に重力が働いて収縮する。こうして、ブラックホール周辺に集まってきた物質は、扁平な円盤を形作る。これを降着円盤という。降着円盤内部の物質がブラックホールに近づくと、強大な重力によって光速近くまで加速され、物質同士の衝突が激しくなり、バラバラの荷電粒子となる。その結果、渦巻き状の電流が流れ、降着円盤に垂直な方向に強い磁場が生じる。

渦を巻きながらブラックホールに近づく荷電粒子の一部は、この磁力線に巻き付きながら移動し、ブラックホールから遠ざかる方向に噴出する。これがジェットと呼ばれる現象である。ブラックホールに接近した粒子は、光速に近い速度を持っているとは言え、ここから再び遠ざかっていくには、落下する他の物質からエネルギーをもらわなければならない。この受け渡しがどのように行われるのか、詳しいことはわかっていない。一説によれば、ブラックホールに落下する物質量の変動に伴って磁力線がのたうつように動き、その動きに振り回されるため、荷電粒子が運動エネルギーを獲得するのだという。

宇宙空間で巨大なエネルギーを放出する天体があることは以前からわかって

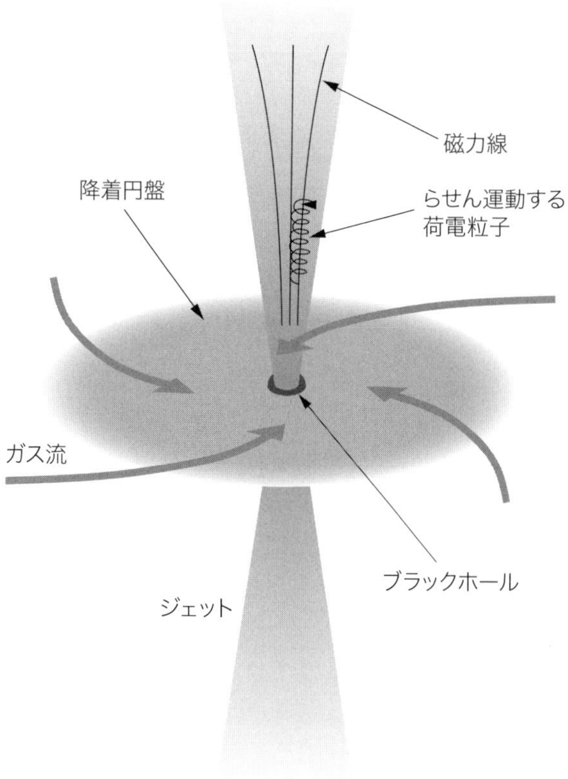

図 2-21 ブラックホールとジェット

おり、これをクエーサーと呼んでいたが、現在では、その正体はジェットを吹き出すブラックホールだと考えられている。

ジェットは若い銀河で激しく、年老いて星間ガスが減った銀河ではあまり見られない。天の川銀河の中心にあるブラックホール（いて座A*）は、同規模のほかの銀河に比べて小さめで、ジェットの痕跡はあるものの、ここ百万年ほどは、あまり激しいエネルギー放出を行っていないようである。

2-3 電磁場のエネルギー

電磁気現象は、荷電粒子と電磁場の相互作用によって生じる。物質中の荷電粒子は膨大な数に上り、電磁場は空間のあらゆる地点に存在するので、両者の相互作用が生み出す現象はきわめて複雑になる。しかし、そうした中にも、現象全体に対する制約となる原理的な保存則がある。代表的なのが、エネルギーの保存則である。

「はじめに」でも述べたように、高校物理の一つの目標は、エネルギー保存則を正しく理解することである。物質と電磁場は、相互作用しながら互いにエネルギーをやりとりするが、その過程を通じて、エネルギーの総量は一定に保たれている。

エネルギーの変換

20 世紀以降、電気技術が社会を一変させたが、その理由は、電気・磁気を媒介としてエネルギーを変換し、さまざまな形で利用できるようになったからである。

火力発電のケースを見ていこう。まず、化石燃料の内部にあった化学エネルギーを燃焼によって熱エネルギーに変える。この熱で水を沸騰させて蒸気の流れに変換、これをタービンに吹き付けて、回転による運動エネルギーに変換する。この回転運動を発電機に伝えて、コイルと磁石の間の電磁誘導によって誘導起電力を発生させる（**図2-19** の装置と同じメカニズム）。この過程を通じてエネルギー保存則が成り立つため、すべてのエネルギーを加え合わせた総量は変わらない。しかし、エネルギーの大半は、途中で発生する熱の形で周囲に散逸する。火力発電の場合は、化石燃料を燃やして得た熱の多くを、装置を冷やすための冷却材（主に水）を温めるのに使ってしまう。電気エネルギーに変えられるのは、通常、化石燃料が持つ化学エネルギーの 3 分の 1 程度である。

火力発電以外にも、水が持つ重力の位置エネルギーを利用する水力発電、核エネルギーを利用する原子力発電、大気の運動エネルギーを利用する風力発電、太陽からの光エネルギーを利用する太陽光発電などがある。

電気エネルギーを利用する技術も、さまざまなタイプが開発されてきた。電灯、電熱器、モーターは、電気エネルギーを、それぞれ光、熱、運動エネルギーに変えるための装置である。

電子レンジは、波長が12センチの電磁波（マイクロ波）を食品に照射することで加熱するものだが、その内部でのエネルギー変換は、何段階にもわたる。まず電極を加熱し、熱運動によって飛び出した電子を電圧で加速する。高速になった電子を磁場が加わった領域に導入し、ローレンツ力によって周回運動を行わせる。この周回運動によって生じる電場の振動を共振器で増幅することで、ようやくマイクロ波が作られる。電気エネルギーをいったん電子の運動エネルギーに変え、これを電磁波のエネルギーに変換した後、食品に照射して最終的に熱エネルギーにするわけである。

エネルギーはどこに蓄えられるか

電気的なエネルギーを考える場合、「どこに蓄えられているのか」という根源的な疑問に答えなければならない。具体的に言えば、

1. 電荷が電場と相互作用する地点に蓄えられる
2. 空間全域に広がった電場の中に蓄えられる

という2つの見方のどちらを取るべきか—という問題である。

物理学者は、2. の見方が正しいという結論を出している。しかし、一般的な高校物理の教科書では、1. の見方に沿って説明がなされることが多い。その理由は、重力の位置エネルギーと同じ形式で扱うことができ、説明が簡略化できるためだろう。直観的にわかりやすいというメリットもある。

重力の場合、（第1章1-3節で述べたように）重力ポテンシャル Φ の地点に質量 m の物体が置かれたとき、重力の位置エネルギーは $m\Phi$ だとされる。クーロンの法則が万有引力の法則と似ていることから、電気的なエネルギーも同じように扱えるはずである。すなわち、電位 ϕ の地点に電荷 q の物体が存在するならば、電位による位置エネルギー $q\phi$ があることになる。

この見方を採用すると、直流回路において電気抵抗で消費されるエネルギーが、簡単に導かれる。2. の見方を取り上げる前に、このことを説明しておこう。

電気抵抗で消費されるエネルギー

電位差（電圧） V の電池に、抵抗ゼロの良導体でできた導線を介して、電気抵抗 R を直列に接続する場合を考えよう。

電池に導線を接続した瞬間、文字通り光の速さで回路内部に電場が生じる。導線部分では電場から力を受けた電荷が速やかに移動するが、電気抵抗内部では電荷の流れが滞る。このため、電気抵抗の両端に電荷がたまる。この電荷が生み出す電場によって、導線内部の電場は打ち消される一方、電気抵抗の内部には電場が残り、両端における電位差が、電池の電圧に等しい V となる。電流は、高度差のある水路を水が流れるように、電位差のある抵抗内部を流れていく（**図2-22**）。

抵抗の端から端まで移動する電荷 q に注目しよう（実際に移動するのは負電荷を持つ電子だが、話を回りくどくしないために、ここでは正電荷が移動するものとして記述する）。電荷は、電位の高いプラス極側から低いマイナス極側へと、ちょうど坂になった水路を滑り落ちる水のように下っていく。ただし、電気抵抗があるためにスムーズに進めない。

電気抵抗がどのような作用を荷電粒子に与えるか、正確に説明するのは難しいが、ここでは、空気中を運動する物体が空気分子にぶつかって抵抗を受けるのと同じように、電気抵抗の原因となる不純物が粒子にぶつかるとイメージしてかまわない（実際には、不純物が量子論的な電子の波を乱すことでスムーズに移動できなくなる現象である）。

1. の見方に従って電気的なエネルギーを考えると、電位の低い側へ移動したことにより、電位による位置エネルギーは減少する。この減少分は、主にジュール熱と呼ばれる熱エネルギーに変換され、外部に放出される。電荷 q が電気抵抗を通り抜けたときに減少する位置エネルギーは qV であり、これと等しい量のジュール熱が放出される。

電流 I は、1秒間に導線中を通過する電荷なので、1秒間に抵抗で放出され

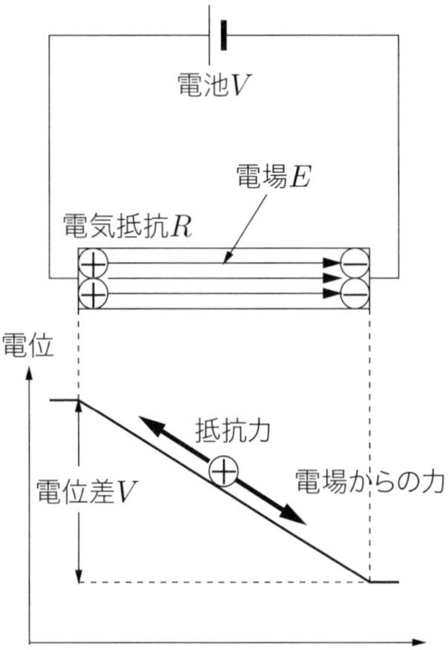

図 2-22 抵抗内部の電荷

る熱エネルギーは IV となる。電気の分野では、1 秒間に取り出される電気的エネルギーの量を消費電力と呼ぶので、電気抵抗 R に電流 I が流れたときの消費電力は IV である。オームの法則 $V = IR$ を使うと、消費電力を I と R 、あるいは V と R で表せる。

コンデンサーに蓄えられるエネルギー

抵抗に続いて、コンデンサーに蓄えられる電気的なエネルギーについて考えよう。

(2.10)式で与えられる電気容量 C のコンデンサーに、電荷 Q が蓄えられているものとする。このとき、コンデンサーが持つエネルギーは、次式で与えられる。

$$(\text{コンデンサーのエネルギー}) = \frac{Q^2}{2C} \tag{2.16}$$

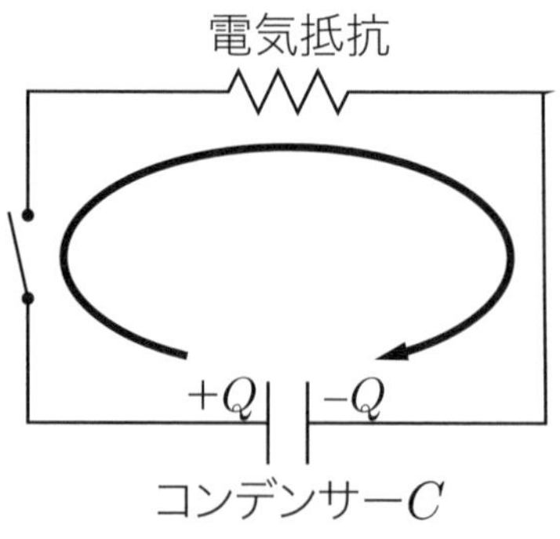

図2-23　コンデンサーの放電

この式を、電位と電荷の積がエネルギーになるという1.の見方に基づいて求めてみよう。

極板上に電荷 $+Q$ と $-Q$ が存在するコンデンサーに、スイッチと電気抵抗を直列につなぐ（図2-23）。スイッチを断続的に入れたり切ったりすることで、少しずつ放電して極板上の電荷をゼロまで減らす。最終的な状態に達したとき、コンデンサーに電荷はなく、電流も流れていないので、この回路の電気的エネルギーはゼロである。したがって、エネルギー保存則により、この過程で抵抗から放出されたジュール熱が、はじめにコンデンサーに蓄えられていたエネルギーに等しいはずである。

抵抗で発生するジュール熱は、移動する電荷と電位差の積である（前項参照）。コンデンサーの極板に電荷 Q' が存在するときの電位差 $V(Q')$ は、(2.10)式より、

$$V(Q') = \frac{Q'}{C}$$

となる。また、スイッチが入っている間に移動する電荷を ΔQ とすると、この電荷が電位差 $V(Q')$ の“坂道”を滑り落ちることで発生するジュール熱は $V(Q')\Delta Q$ である（厳密に言えば、この過程で Q' は ΔQ だけ変化するが、ΔQ が充分に小さいとすると、電位差の変化は無視できる）。ΔQ が移動するときのジュール熱は、図2-24の棒グラフで示した部分に等しい。したがって、

※11　この計算は、次の積分を使うと簡単に求められる。

$$\int_0^Q \frac{Q'}{C} dQ' = \frac{Q^2}{2C}$$

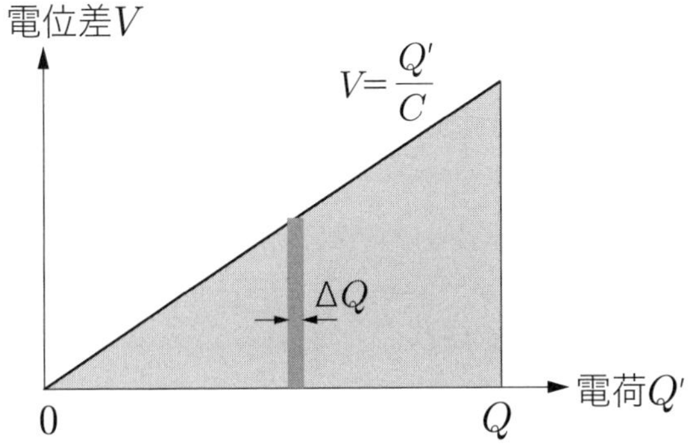

図 2-24 極板上の電荷と電位差

極板上の電荷が Q からゼロに減少する過程における全ジュール熱は、**図2-24**の斜線で示した三角形の面積と一致する[※11]。この面積が、(2.16)式の右辺になる。

ここまでは、電気的なエネルギーが電位と電荷の積になるという 1. の見方に沿った議論だったが、コンデンサーのエネルギーを表す(2.16)式を、2. の見方で解釈し直すことも可能である。(2.8)(2.10)式を使って、(2.16)式の Q と C を書き換えると、次式を得る。

$$(\text{コンデンサーのエネルギー})=\frac{1}{2}\frac{4\pi kd}{S}\left(\frac{SE}{4\pi k}\right)^2=\frac{1}{4\pi k}\cdot\frac{1}{2}\left(SdE^2\right) \quad (2.17)$$

最後の式における括弧の中は、電場が存在する極板間の体積 Sd と、そこでの電場 E の 2 乗を掛け合わせたものである。これは、電場が存在する空間の全領域にわたってエネルギーが分布することを表す式と解釈される。

すでに述べたように、物理学者たちは、電荷と電位の積を使った(2.16)式よりも、電場の 2 乗に比例するという 2. の見方に基づく(2.17)式の方が、エネルギーを直接的に表す式だと考えている[※12]。その理由は、荷電粒子が存在しない領域でも、電磁波のような時間とともに変動する場を利用すれば、電場(および磁場) だけでエネルギーを運搬できるからである。電磁波が理論で予測される通りにエネルギーを運ぶことは、実験によって実証されている。場がエネルギーを担っており、場の内部にエネルギーが存在すると考える方が、電

※12 2. の見方に基づく電気的なエネルギーの式は、積分を使って次のように表される。

$$(\text{電場のエネルギー})\propto\int\frac{1}{2}E^2dV$$

積分は、電場 E が存在する全領域にわたって行う。dV は、微小な体積要素を表す（V は電圧や電位差ではなく、体積を意味する)。比例係数は単位系によって値が異なり、**MKSA** 単位系では$1/4\pi k$となる。

磁気学の他の部分とも整合的になる。

高校物理の段階で、電場の2乗で表されるエネルギーの式が使われることは、ほとんどない。しかし、電磁気のエネルギーが「電場・磁場のある領域全体に広がって蓄えられる」と考える方が、イメージが明瞭になるだろう。このことは、交流回路のエネルギーを扱う際に顕著になる。

磁場のエネルギーと交流回路

コンデンサーに電場のエネルギーが蓄えられるように、コイルには磁場のエネルギーが蓄えられる。

電場のエネルギーは、各地点における電場の2乗を加え合わせた（正確には、積分した）量に比例する。それと同じように、磁場のエネルギーも、磁場の2乗を加え合わせた量に比例する。

コイル内部に生じる磁場は、場所によって強度が異なるが、どの場所でも、電流の大きさに比例することは変わらない。したがって、コイルに電流 I を流すことで蓄えられる磁場のエネルギーは、 I の2乗に比例する。この比例係数は、自己インダクタンス L を使って $L/2$ と表される[※13]

$$(\text{コイルのエネルギー}) = \frac{1}{2}LI^2$$

コンデンサーとコイルを直列に接続した閉回路を考える（図2-25）。ただし、ジュール熱や電磁波の形でエネルギーが散逸せず、コンデンサーとコイルのエネルギーの和が一定に保たれるという形でのエネルギー保存則が成り立つものとする。

はじめに、回路の途中にあるスイッチを切った状態で、コンデンサーの両極板に正負の電荷をチャージする。その上でスイッチを入れると、極板の電荷が流れ出す。この過程がどうなるかを考えてみよう。

コイルがなければ、ごく短時間でコンデンサーの放電は終了する。しかし、コイルがあると、電流がゼロから増え始める段階で、レンツの法則による逆起電力が生じるため、電流が急激に大きくなることはできない。これは一般的な性質であり、コイルが存在する回路では、電流の流れ方は時間を掛けてゆっく

※13　コンデンサーの性能を表すのが電気容量 C であるのと同じように、自己インダクタンスは、コイルの性能を表す。時間とともに変動する電流をコイルに流すと、内部に生じる磁場 B が変動し、その結果として起電力が誘起される。コイルの両端で計った起電力の値は、電流が時間とともに変化するときの変化率に比例することが知られており、その比例係数が、自己インダクタンス L となる。微分を用いた式で表すと、右のようになる。 ↗

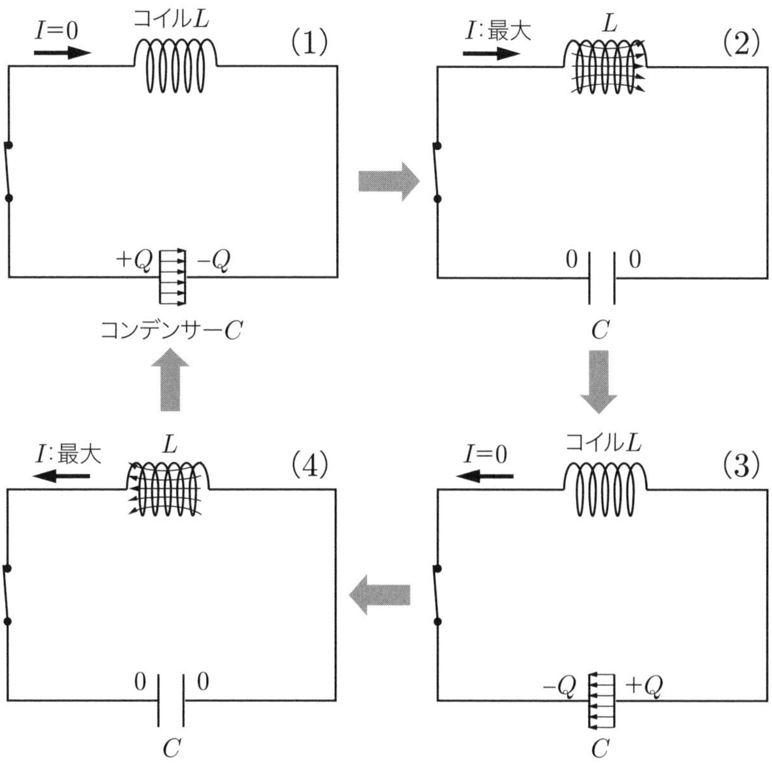

図 2-25 LC 共振回路

り変化する。

スイッチを入れた直後のまだ電流が流れていない瞬間には、コンデンサーに電場によるエネルギーが蓄えられているが、コイルに磁場のエネルギーはない(**図2-25(1)**)。電流が流れ始めると、コンデンサーの電荷は減って電場のエネルギーが減少する一方、コイルを流れる電流が増え磁場のエネルギーが増大する。

エネルギー保存則により、コンデンサー内の電場のエネルギーが減少した分だけ、コイル内の磁場のエネルギーが増大する。コイルのエネルギーが最大になるのは、コンデンサーのエネルギーがゼロになった瞬間である(**図2-25(2)**)。

➘ $$(\text{誘導起電力}) = -L\frac{dI}{dt}$$

その後、コイルに生じる逆起電力のために電流は急激に変化できず、減少しながら同じ向きに流れ続ける。このため、コイルのエネルギーは減少し、代わって、コンデンサーのエネルギーが増大する。電流がゼロになったところで、コンデンサーの電荷が最大になる（**図2-25(3)**）。そこから、電流が逆向きに流れ始め、電荷がゼロになったところで電流が最大になる（**図2-25(4)**）。こうして最初の段階（**図2-25(1)**）に戻る。

ジュール熱などによるエネルギーの散逸がない場合、コンデンサーとコイルの間でエネルギーのやりとりがいつまでも繰り返される。これがLC共振と呼ばれる現象である。電荷の移動を考えるとわかりにくいが、電場・磁場がエネルギーを蓄えたり放出したりする過程と見なすと、現象の全体像が捉えやすいだろう。

コンデンサーとコイルだけで構成されたLC共振回路に信号を入力すると、特定の周波数成分に対して共振を起こすので、その周波数の信号だけを抜き出すことができる。この性質を利用して、フィルタ回路やチューナーとして使われる。

◆◆◆◆◆

ところで、LC共振回路、さらには、交流電源や電気抵抗をつないだRLC回路での電流の時間変化などを表す式を公式だと見なす人もいるが、記憶する価値はないし、物理学の研究者で覚えている人はほとんどいないだろう。こうした式は、複素指数関数（指数関数の引数が複素数になった関数）を使って電流変化に関する微分方程式を立てると、四則演算を行うのと同程度の労力で即座に導ける。この計算法は大学で勉強するものであり、三角関数を使ったわかりにくい式を覚えるのは、無駄な努力でしかない（もっとも、ごく稀に大学入試で出題されることがあるが…）。

ケーススタディ　自己エネルギーとくりこみ理論

電気的なエネルギーに関して、物理学者はなぜ、電位と電荷の積という1.の見方を採用しないのか。それは、電荷が自分自身の電位を“感じる”かどうかという謎と関係する。

「電位 ϕ の地点に電荷 q が存在する場合、位置エネルギーは $q\phi$ である」と言うとき、電位 ϕ に q 自身が作る電位は含めない。含めてしまうと、大きさのない点状の電荷が存在した場合、(2.6) 式で与えられる電位は電荷が存在する地点で無限大になり、電荷と電位の積で定義される位置エネルギーも無限大になってしまう。無限大にならないように、電荷は点状ではなく薄く広がっていると仮定すると、今度は、広がった電荷がどのようにして荷電粒子としてまとまっているか、説明が難しくなる。

こうした問題を避けるため、それぞれの荷電粒子と相互作用する電位は、その荷電粒子自身が作る電位を除いたものとするのが一般的である。しかし、これはあくまで便宜的な手法でしかない。電場や電位のような場の量は、その源が何かによらず、それぞれの場所で定義される量だと考えられるからである。

コンデンサーの場合、電位と電荷の積という 1. の見方に基づく (2.16) 式のエネルギーは、電場の 2 乗をすべての地点で足し合わせた (2.17) 式に書き直すことができた。これは、1. の見方を 2. の見方に読み替えたことに相当する。実は、こうした読み替えは、(大学レベルの物理学で学ぶ) 電磁気学の基礎方程式を使って、どんなケースでも可能なのである。あらゆる電磁気現象に関して、電気的および磁気的なエネルギーは、電場と磁場の 2 乗をすべての場所で (単位系に依存する比例係数を付けて) 足し合わせたものとして表せる。

もちろん、単に場の量でエネルギーを表したからと言って、無限大の問題が回避できるわけではない。点状の荷電粒子が存在する場合、クーロンの法則に従う (2.5) 式の電場を 2 乗して足し合わせるとどうなるかを見てみよう。

荷電粒子の位置から距離 r の球体内部を考える。この領域で電場の 2 乗が最小値を取るのは、最も外側の球面上である。したがって、電場の 2 乗をすべての地点で足し合わせて得られる球体内部のエネルギーは、球面上の電場の 2 乗と球の体積の積よりも大きい。この積は、比例係数を別にして、次式で与えられる。

$$\left(\frac{1}{r^2}\right)^2 \times \frac{4}{3}\pi r^3 = \frac{4\pi}{3r}$$

右辺の値は、r を小さくするとどこまでも大きくなるので、電荷の存在する地点を含むエネルギーは無限大である[※14]。

電場の2乗を使って定義される電気的なエネルギーは、大きさのない点状の荷電粒子が存在するとき、必ず無限大になる。(2.16)式や(2.17)式で表されたコンデンサーのエネルギーは、この無限大を無視した値でしかない。

コンデンサーの極板は、細部まで見ると、電子と原子核(あるいは金属イオン)のような荷電粒子から構成されている。したがって、電気力線は極板から垂直に出ているのではなく、これらの荷電粒子まで達するはずである。金属極板でできたマイナス極には自由電子が過剰に存在し、電気力線が電子の近くで密になるにつれて、電気的なエネルギーがどこまでも大きくなっていく(**図2-26**)。コンデンサー内部の電気的エネルギーを正確に表そうとすると、こうした無限大の部分まで考慮しなければならないはずである。

ただし、電場のうち荷電粒子の近くで無限大になる部分は、電荷の移動とは関係なく、電子や原子核が存在する限り同じ式で表される。したがって、無限大を含む部分を、荷電粒子自体に付随する「自己エネルギー」と見なすことにすれば、これらは、電流が流れようと電荷が蓄えられようと、常に一定の値(ただし無限大)になるので、エネルギー保存則の議論から切り離してもかまわない。こうした扱いは、電荷が“感じる”のは自分以外の荷電粒子による電位だと仮定することと同等であり、電磁気学の基礎方程式を用いると、同等性が一般に証明できる。高校物理では、自己エネルギーを除いた分だけを議論するが、それでかまわない理由は説明されない。

自己エネルギーを切り離して扱う手法は、最先端の研究でも利用される。現代物理学における電磁気の扱いは、量子論の効果を取り入れてきわめて複雑なものになっているが、荷電粒子の近傍でエネルギーが無限大になることは変わらない。そこで、無限大の困難を取り除くため、無限大のエネルギーは、観測される荷電粒子の質量の中に含まれるものとして扱う計算手法が開発された。このやり方は、質量(および電荷)の値に無限大となる部分を繰り込んでしまうことから、「くりこみ理論」と呼ばれる。

計算の途中で無限大が現れることは、理論の欠陥と言えるかもしれない。こ

※14　積分を知っているならば、半径 r の球面に dr の幅を持たせた球殻の体積を考え、これと電場の **2** 乗の積を、r が **0** から無限大まで積分することで、正確な値を求められるだろう。

$$\int_0^\infty \left(\frac{1}{r^2}\right)^2 \times 4\pi r^2 dr = \left[\frac{4\pi}{r}\right]_{r=0}$$

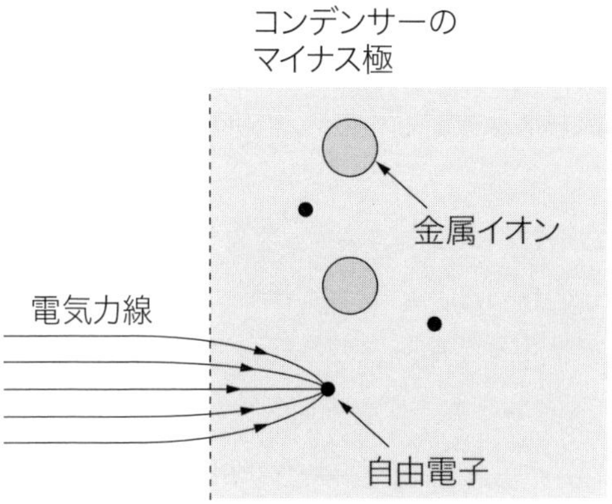

図2-26 極板付近の電気力線

のため、自己エネルギーが無限大にならないような新しい理論が模索され、超ひも理論やループ量子重力理論など、いくつかの提案がなされた。しかし、いずれも学界で受容された定説にはなっておらず、理論物理学者の苦闘が続いている。

コラム 電磁気と相対論

この世界に、なぜ電気と磁気という2種類の相互作用が存在するのか？ その理由を明らかにしたのが、アインシュタインの相対論（一般相対論が重力を含む理論であるのに対して、重力がなく主に電磁気を扱う特殊相対論）である。

コイルに棒磁石を出し入れすると誘起電流が流れるという、電磁誘導の法則について考えてみよう。コイルを静止させて棒磁石を動かすと、磁場が変動して電場が誘起される。コイルの立場からは、磁場と電場が存在するように見える。

一方、棒磁石を静止させてコイルを動かしたときにも、同じように電流が流れる。これは、コイル内部に存在する自由電子が棒磁石が生み出した磁場の中で運動することにより、ローレンツ力に駆動されて電流が流れたものと解釈できる。このとき、棒磁石の立場からは、磁場だけが存在するように見える。

ここで奇妙なのは、(大学レベルの) 理論でも実験でも示されるように、コイルと棒磁石の相対速度が等しければ、流れる電流が等しくなることである。なぜ、コイルと棒磁石のどちらを動かしても、同じ電流が流れるのだろうか？ そもそも、太陽系内部を秒速 30 キロメートルで公転する地球上で、コイルと棒磁石のどちらが動き、どちらが止まっているかを峻別することができるのだろうか？

第 1 章 1-2 節「慣性の法則」で述べたように、相対論の世界では、静止と運動の間に絶対的な差違はない。周囲に何もない無重力空間にフワフワと漂っているとき、自分が止まっているか動いているかを区別することはできないのである。コイルと棒磁石を使った実験の場合、コイルが静止する立場からは磁場と電場が存在し、棒磁石が静止する立場では磁場だけが存在する。もし、静止と運動が区別できないという相対論を認めると、この結果は、電場と磁場の区別も絶対的ではないことを意味する。

実際、電磁気学を相対論に適合するように整理し直すと、電場と磁場は統一された実体であり、立場によって両者が入り交じることがわかる。ちょうど、空間に「前と横」という絶対的な区別があるわけではなく、人によって前向き・横向きの区別が異なるように、立場によって、磁場だけが存在したり電場と磁場が存在したりするように見えるのである。

相対論的な電磁気学によると、電場と磁場は、ともに電磁ポテンシャルという単一の量から導かれる。両者の区分は、電磁ポテンシャルから導くときの座標軸を「前と横」のように便宜的に二つに分けた結果にすぎない。

◆◆◆◆◆

相対論に基づくと、さまざまな現象を記述する式が実にシンプルになる。このことは、大学の電磁気学で勉強するが、高校物理に対しても教訓を与えてくれる。

高校物理では、電気と磁気が関わる公式に、いろいろと覚えにくい係数がつくことが多い。しかし、こうした係数は、電荷や電流の単位を恣意的に（平行電流間に働く力で電流の単位を決める際に係数を2にするといった形で）決めた結果として付いたものである。相対論から出発して、すべての単位を合理的に決定すると、ほとんどの係数が1になる。

例えば、相対論的な電磁気学では、真空中の磁場 H と磁束密度 B の関係式に余分な係数 μ_0 は現れず、

$$H = B$$

となる。また、クーロンの法則にも係数 k は付かない。電荷 q から距離 r だけ離れた地点での電位は、(2.6)式の代わりに、

$$\phi = +\frac{q}{r}$$

というシンプルな式になる（係数に $1/4\pi$ を付ける流儀もある）。

高校物理で教わる電磁気学には、相対論を無視した奇妙な記述が少なくない。磁場と磁束密度を区別するのも、その一例である。

多くの教科書では、磁気に関するクーロンの法則についての説明がある。磁極間に働く磁気的な力は、各磁極が持つ磁気量の積に比例し、距離の2乗に反比例するというものらしい。しかし、こんな物理法則は実在しない。相対論によると、電磁ポテンシャルの起源となるのは、電荷と電流を組み合わせて作った4次元電流である。磁極のようなものは、相対論的な電磁気学には出てこない（磁極の存在を認める「拡張された電磁気学」も提唱されているが、定説ではない）。

相対論に基づいて電磁気を記述すると、式はきわめてシンプルになり、現象も理解しやすくなる。ローレンツ力がなぜ磁場の向きではなく、それに直交する向きに作用するのかは、電磁ポテンシャルを使うと直ちに説明できる。

ただし、こうしたシンプルさの代償として、電荷や電流の単位がわかりにくいものになる。式計算を行った後で、実用的な単位—電荷のクーロン、電流のアンペア、電圧のボルト、電力のワットなど—に換算しなければならない。高校物理で採用され、世界標準ともなっているSI単位系（MKSA単位系と実質的に同じもの）は、電気機器を扱うときの実用性を優先し、理論的なわかりやすさを犠牲にしたものである。

第3章

原子物理

波動力学の視点

本章では、通常の教科書とは異なり、まず振動・波動の解説をした上で、後半に量子論のような根源的な物理理論を取り上げる。

振動・波動は、構造物が平衡状態の近傍で起こす典型的な現象なので、その解明は、地震に際して建物がどのように揺れるかといった実用的な研究に役立つ。さらに、音や光が波動の一種であることから、これらを利用した技術―例えば、気象観測のためのドップラーレーダーなど―も多く、その理解に波動の知識が応用できる。

しかし、振動・波動の重要性は、こうした実用的なケースに限られるわけではない。自然界に見られる秩序の根源を追求すると、そこに見出されるのが波動なのである。

◆◆◆◆◆

自然界には、至る所に数学的な明晰さを持った秩序構造が存在する。雪の結晶が五角形でも八角形でもなく、常に六角形になることは誰でも知っているだろう。また、濃い食塩水をゆっくり蒸発させると、直方体の形をした塩化ナトリウムの結晶が析出するし、電子顕微鏡を使って撮影された高機能セラミック素材（Si_3N_4 結晶）の画像には、一定間隔で整然と並んだ花びら模様が見られる。こうした幾何学的な秩序構造は、どのようにして形作られるのだろうか？

秩序構造の最も単純な例が、1個の水素原子である。水素原子は、1個の陽子と1個の電子が結合した状態だが、原子が発する光を利用した実験を行うと、電子が持ち得る力学的エネルギーが、単純な数式で表される（(3.14)式）。

水素原子は、陽子の周囲に質量が陽子の1800分の1の電子が存在することから、巨大な太陽の周囲を質量の小さい惑星が回る太陽系になぞらえられる。しかし、太陽系における惑星の場合、その力学的エネルギーがいくらになるかを決定する物理法則は存在しない。惑星軌道は、恒星が形成される以前のガスの渦巻きの中で、ガスや塵が相互作用するうち偶然に定まったものであり、どんな軌道になるかを物理法則から求めることはできない。これに対して、原子内の電子がどんなエネルギーを持つかは、全ての水素原子で共通であり、物理法則を使って導くことができる。電子は、太陽系の惑星とは異なった物理法則に従うように見える。

自然界における秩序構造の根底にあるのは、ニュートン力学とは異質の理論であり、量子論と呼ばれる。量子論の法則は、人が日常生活で目にするマクロ（巨視的）世界では、さまざまなノイズに打ち消されてしまい、その性質がはっきりと表面化することがない。ニュートン力学は、量子論の性質がノイズに消された後に残った、マクロ世界で近似的に成り立つ理論に過ぎない。しかし、原子のサイズになると、量子論の効果が顕著に表れる。そこに示されるのは、量子論の性質が、波と酷似しているという特徴である。

この特徴が現実の状況をそのまま映し出しているのならば、この世界は、波が織りなす出来事でできていることになるのだが、本当にそうなのだろうか？ 本章では、こうした疑問に答えるために、まず3-1節で振動・波動について一般的な解説を行い、続く3-2節で、水素原子のエネルギーを中心に、量子論の概要を述べることにする。さらに3-3節では、宇宙に存在する物質の起源を問題とする。

3-1 振動と波動

振動は、自然界に一般的に見られる現象である。これまでに扱った重力やクーロン力による運動などとは異なり、特定の力が振動を引き起こすわけではない。振動が発生するのに必要な条件は、安定な均衡状態が存在し、そこからずれたときに元に戻そうとする「復元力」が作用することである。

安定な均衡状態

均衡状態の具体例として、お椀のような容器の底近くでボールを転がす場合を考えよう。底から離れた地点にあるボールには、鉛直下向きの重力と、斜面に垂直方向の抗力、平行方向で運動と逆向きの摩擦・空気抵抗などが作用する。一方、お椀の底では、重力と垂直抗力が等しくなり、ボールを面に沿って動かす力がない。力の釣り合うお椀の底が平衡点であり、ここで静止する状態が均衡状態である（**図3-1**）。

ボールを平衡点からずらすと、鉛直下向きの重力のうち、斜面に平行な成分が平衡点に引き戻そうとする復元力となり、斜面に置かれたボールは、平衡点に近づくように動き始める。このとき、摩擦や空気抵抗は、常に運動を妨げる向きに作用し、摩擦熱などが発生するため、ボールの力学的エネルギー（運動エネルギーと重力による位置エネルギーの和）は減少する。摩擦や空気抵抗が小さい場合、平衡点の周りでボールが行ったり来たりする振動が生じるが、発生した熱が散逸して力学的エネルギーが減少すると、それにつれて振動の振幅がしだいに小さくなり、最終的には、平衡点となるお椀の底で静止する。

平衡点からずれたとき、常に復元力が作用し均衡状態に戻るシステムは、「安定性がある」と言われる（**図3-2**）。お椀の底に置かれたボールは、安定性がある。逆に、お椀をひっくり返したような曲面の頂点にボールを置いた場合、力が釣り合って静止する平衡点ではあっても、安定性はない。わずかに平衡点からずらしただけで、平衡点から遠ざけるような力が作用して転がり落ちるからである。

平衡点の周りで安定性があるかどうかは、自然界において、ある形態が保たれるかどうかに関係する。このとき作用する復元力は、以下の事例に示すように、これまで扱ってきた重力や抗力のような単純な力とは限らない。

シャボン玉は、内側と外側が大気に接した液体薄膜からできているが、なぜ、これほど薄い膜がすぐに壊れず、ときには何十分も維持されるのだろうか？分子レベルの振る舞いを調べると、膜の厚さが変化したとき、元に戻そうとする復元力が作用することで安定性が保たれているとわかる。

洗剤に含まれる界面活性剤の分子には、水分子と反発する疎水基と呼ばれる部分があり、そのせいで水の表面に集まる傾向がある。表面を界面活性剤が覆うと、水分子による表面張力が弱められるが、膜が引き延ばされて薄くなると、その部分で界面活性剤分子の表面密度が周囲よりも小さくなり、表面張力が大

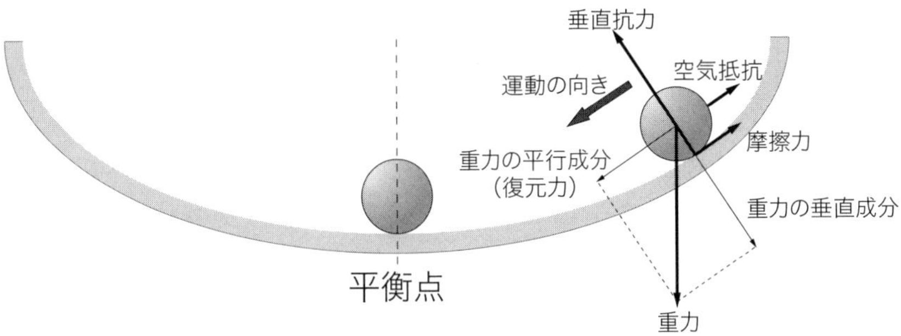

図3-1 復元力の働くシステム

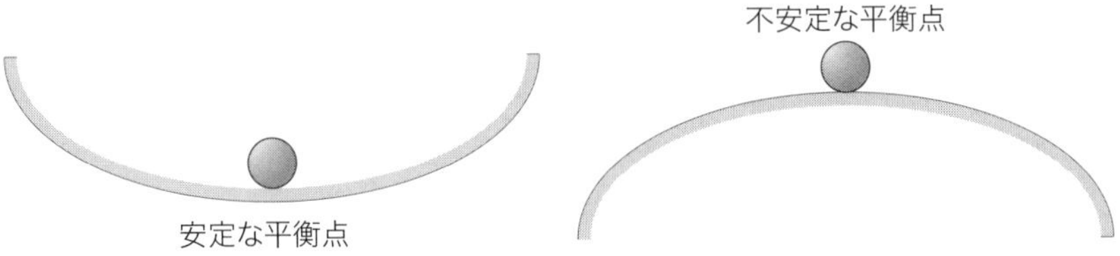

図3-2 安定／不安定な平衡点

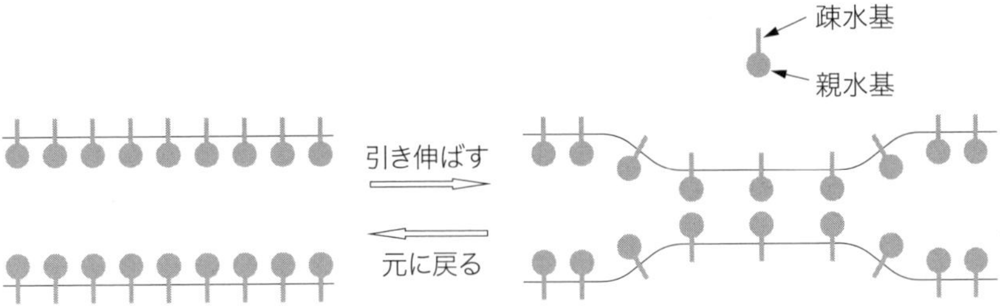

図3-3 シャボン玉の膜弾性

きくなって縮もうとする（**図3-3**）。この効果が復元力となって、膜の厚さを元に戻すので、膜が特定の厚さになったときが安定な均衡状態となる（膜の厚さを元に戻す復元力は、分子レベルでのいくつかの効果が複合したもので、その詳細を説明するのはかなり難しい）。

実用に供する工学的な製品になると、システムを安定化するために、さまざまな設計上の工夫が凝らされている。飛行機の場合、ダウンバースト（強い下降気流）などによって飛行中に機首が急に下がることがあるが、翼の周囲に生じる気流によって再び機首が持ち上がるように設計してあるため、すぐに墜落することはない。力学的な力ではない復元作用としては、原子力発電所の原子炉で利用されるメカニズムがある。何らかの事情で原子炉の出力が上昇しても、炉を浸している水が熱せられて気泡が生じ、これが核分裂を妨げる効果を生み出すため、自動的に出力が下がって原子炉の暴走を防ぐ。

安定な平衡を実現するこうした仕組みは、主に、物理学に基づいて設計されている。

単振動

安定な平衡点の周りで振動するシステムがあったとしても、ふつうは、摩擦や空気抵抗などによってエネルギーが散逸し、しだいに振幅が小さくなって、最終的には均衡状態で静止する。しかし、摩擦などが充分に小さく、エネルギーの散逸が無視できるような場合には、振幅がほぼ一定のまま振動が続くことになる。

こうした永続的な振動は、現実には存在しない理想のケースだが、さまざまな振動を数学的に解析する上で役に立つので、物理学では頻繁に利用される。ガリレオによる放物運動の理論で見たように、物理学の基本は、空気抵抗のような複雑な擾乱要因がないと仮定すると、物理現象を記述する数式がきわめて単純になるという考え方である。そこで、振動に関しても、エネルギーの散逸がないと仮定してみよう。

ただし、振動のエネルギーが一定というだけでは、まだ振動を表す数式は決まらない。お椀の底でボールを転がす場合、たとえ摩擦や空気抵抗がなかったとしても、底面の形状によってボールの転がり方は変わる。そこで、振動を引き起こす復元力として、変位（平衡点から位置座標がどれだけ変化したかを表す量）に比例するという条件をつけることにする。

変位に比例する復元力は、フックの法則に従う弾性体で見ることができる。弾性体を変形した場合、ある部分に作用する弾性力は、変形が小さい場合には近似的に変位に比例することが知られている。近似という制限を付けずに「変

※**1**　バネに取り付けたおもりに関するニュートンの運動方程式は

$$m\frac{d^2x}{dt^2} = -kx$$

となる。三角関数の微分に関する知識があれば、(3.2)式がこの運動方程式の解になっていることが確かめられるだろう。

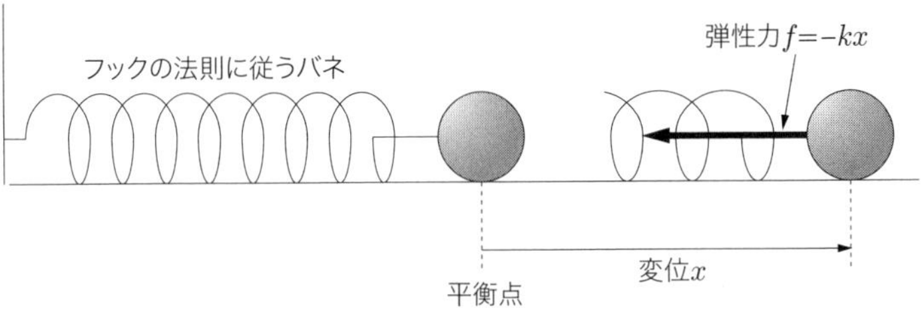

図3-4 バネによる弾性力

位に比例する」としたのがフックの法則である。何重にも巻いた金属バネの場合、かなりの長さまで引き延ばしても、個々の部分での変形は小さいので、かなり高い精度でフックの法則が成り立つ。

ニュートン力学に従うシステムで、復元力 f が変位 x に比例すると仮定し、比例係数を k と置く。

$$f = -kx \tag{3.1}$$

マイナスの符号を付けたのは、変位と復元力が逆向きであり、 x が正ならば f はマイナスの向きに作用するからである（**図3-4**）。

質量 m の物体が(3.1)式で与えられる力 f によって運動する場合、位置座標が次式のような三角関数で表されることが示される（ A と B は任意定数、 A は正とする） ※1。

$$x = A\sin(2\pi\nu t + B) \qquad \left(\nu = \frac{1}{2\pi}\sqrt{\frac{k}{m}}\right) \tag{3.2}$$

この形で表される振動は、単振動と呼ばれる（**図3-5**）。

三角関数は、引数（関数の変数）の変化に対して周期 2π で振動する。(3.2)式で三角関数の引数となる $2\pi\nu t + B$ は、振動の状態が周期 2π で変化する際のどの段階にあるかを示す量であり、位相と呼ばれる。正弦関数（sin 関数）の場合、位相がゼロや π ならば変位がゼロ、位相が $\pi/2$ ならば変位が最大の“山”、 $3\pi/2$ ならば変位が最小（マイナスの側で絶対値が最大）の“谷”となる ※2。

※2　本書では振動を表す式に正弦関数を使用したが、余弦関数（cos 関数）を用いる流儀もあり、sin と cos のどちらを使うかは、単なる好みの差である。なお、専門の物理学者・工学者は、振動を議論する際、三角関数ではなく複素指数関数を使うのが一般的である。複素指数関数は、次に示すオイラーの関係式によって、実部が余弦関数、虚部が正弦関数となる（i は虚数単位である）。

$$e^{ix} = \cos x + i\sin x$$

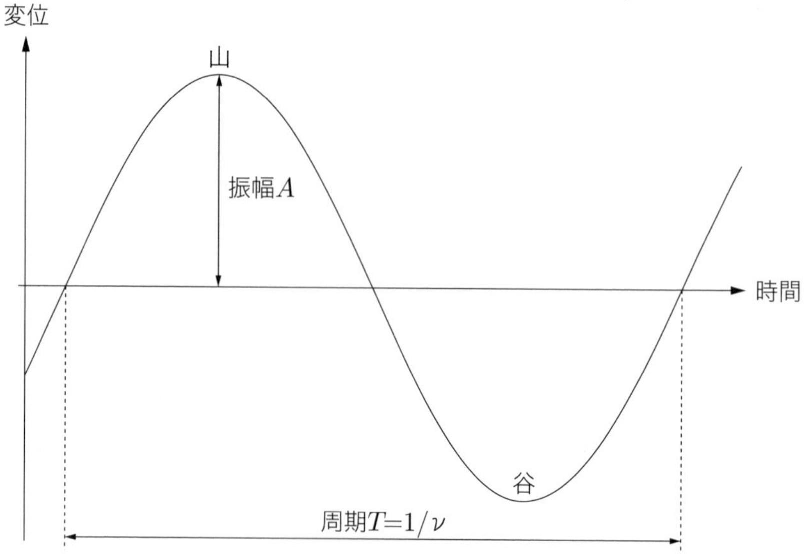

図 3-5　単振動のグラフ

$2\pi\nu$ は、時間 t が 1 秒経過したときの位相の変化を表す。したがって ν は、「位相が 2π 変化する振動が 1 秒間に何回起きるか」という振動数に当たる。ν の逆数は、1 回の振動が起きるのに要する時間で、振動の周期と呼ばれる（**図 3-5** の T ）。

(3.2) 式において、A は振幅を表す。x は $+A$ から $-A$ まで変化するので、振幅は、振動の両端となる折り返し点間の距離の半分となる。B は $t=0$ での位相を表す初期位相である。初期位相は、時間の原点をどこに選ぶかによって調整できるので、$B=0$ と置くことが多い（変位がゼロになった瞬間にストップウォッチのスタートボタンを押すようなものである）。

振動は、ニュートン力学の範囲で起きるとは限らない。例えば、第 2 章 2-3 節で取り上げた LC 共振は、コイルやコンデンサーの内部を多数の電子が移動するという複雑な現象ではあるが、その振る舞いは、電流 I が時間とともに (3.2) 式と同じ形で変化する一種の単振動として表される。

◆◆◆◆◆

(3.1)式が厳密に成り立つのは、フックの法則に従う金属バネに取り付けられた小物体など、ごく限られたケースしかない。しかし、より一般的なシステムでも、近似的にならば、振動の状態が(3.2)式で表されることが多い。さらに、振幅が複雑に変化する振動でも、変位の式が三角関数の和として表せるという数学の定理があり、あらゆる振動現象の基礎に(3.2)式がある。純粋な単振動は現実には稀だが、一般的な振動現象を数学的に解析する上で、きわめて有用である。

波動の伝播

液体や気体のような拡がった媒質の内部で振動が生じた場合、振動が周囲に伝わっていく現象が見られる。このように、振動が伝わる現象が波（波動）である。

波の変位は、必ずしも通常の3次元空間における位置の変化とは限らない。典型的な波動現象として知られる光の場合、振動するのは電磁場であり、その変位は、電場・磁場（あるいは、その元となる電磁ポテンシャル）の強度がどれだけかを表すもので、3次元空間内部における位置の変化とは無関係である。後で紹介する場の量子論によると、電磁場だけではなく、さまざまな物質現象の根底にも、場に生じる波動がある。

最も単純な波が、単振動が振幅を変えずに伝わる正弦波である。x 軸方向に一定の速度 c で伝播する振動数 ν の波を考えよう。波の変位は空間座標とは限らないため、ϕ で表す（水の表面波のように、ϕ が空間座標であってもかまわない）。

同じ振動が速度 c で x 軸のプラス方向に伝わるとすると、座標 x での振動は原点より x/c 秒だけ遅れた動きになる。原点での振動が(3.2)式で表されるならば、座標 x では、(3.2)式の時間 t を $t-x/c$ に置き換えた振動になるはずである。したがって、次の式が成り立つ（式を簡単にするため、$B=0$ と置く）。

$$\phi = A\sin 2\pi\nu\left(t-\frac{x}{c}\right) \tag{3.3}$$

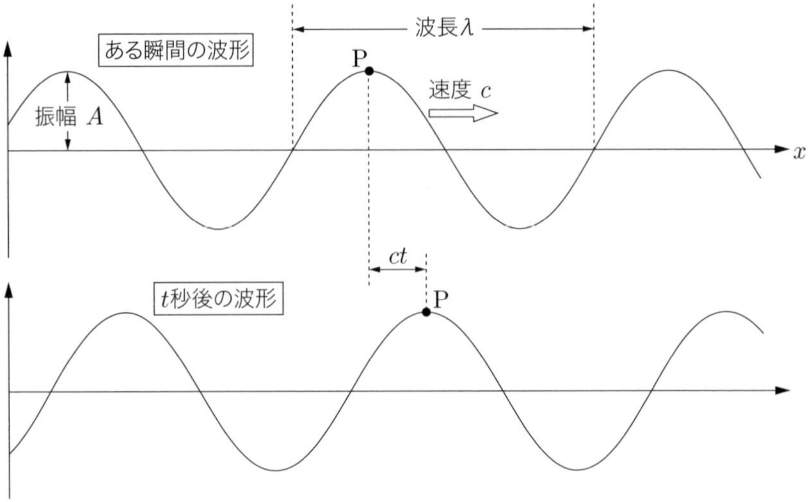

図 3-6 波の伝播

これが、(初期位相を 0 と置いたときの) x 軸のプラス方向に伝わる正弦波の基本式である。x 軸マイナス方向に伝わる正弦波は、x の前の符号をプラスに変えればよい。

(3.3) 式で表される波の、ある瞬間におけるスナップショットを考えよう。このとき、時間 t は特定の値になるので、波の変位 ϕ は、x を変数とする三角関数で表される。この波形が速度 c で x 軸方向に移動するのが、波の伝播である (**図3-6**)。

図3-6 に示したように、スナップショットで見て変位 ϕ が 1 回振動する空間的な長さが、波長 λ である。λ と、波の速度 c 、振動数 ν との関係がどうなるかを調べよう。この関係は、(3.3) 式を変形することによっても求められるが、次のように考えるとわかりやすい。

ある地点に注目すると、(3.3) 式の波は、1 秒間に ν 回振動する。1 回振動するたびに、波が 1 波長 ($=\lambda$) 分だけ送り出されるので、1 秒間に送り出される波の全長は、$\nu\lambda$ に等しい。この長さは、1 秒間に波が進む距離なので、波の速度 c に相当する。したがって、

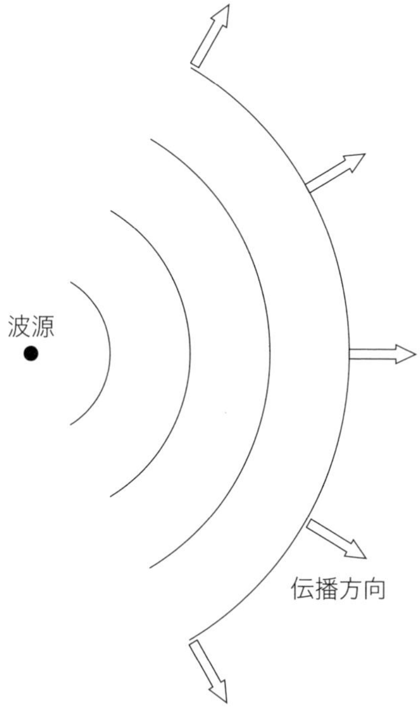

図 3-7 球面波

$$c = \nu\lambda \tag{3.4}$$

を得る。こう考えれば、(3.4)式は暗記すべき公式ではなく、10秒で導き出せる式だとわかるだろう。

3次元空間内部を波が伝わるとき、位相が等しい地点の集合は2次元の面となる。これを波面という。(3.3)式で表される波では、位相は x 座標だけに依存するので、波面は、x 軸に垂直な平面となる。波面が平面の波は、平面波と呼ばれる。

現実の波は、平面波とは限らない。ある地点に波源が存在し、そこから周囲に等しく波が広がっていく場合、波面は球面になる（水面のように2次元の領域を進む波ならば円周となる）。こうした波が球面波（**図3-7**）である。しかし、波源から充分に離れた狭い領域で球面波を見ると、ほとんど平面波のように見える。このように、平面波は、あらゆる波を近似的に表すのに利用できるので、物理学では、まず平面波について調べるのが一般的である。

ドップラー効果

平面波を、**図3-8**のように、山の位置を示す波面のつらなりとして表そう（波の“感じ”を出すため、やや非現実的なほど波面を湾曲させて描いた）。波の伝わり方を考える場合、こうした波面をイメージすると、いくつかの公式が簡単に導ける。

波面で考えるとわかりやすいのが、ドップラー効果の公式である。ドップラー効果とは、波源や観測者が運動しているとき、観測される振動数が波源での値と異なる現象である。音の場合は、遠ざかる電車の警笛が近づくときより低く聞こえるなど、日常生活においても効果が観測できる。

まず、振動数 ν で振動する波源が x 軸方向に速度 v で運動しており、そこから発せられる波（ここでは音をイメージする）を、前方で静止する観測者がキャッチする場合を考えよう。波の媒質（大気中を伝わる音波ならば大気）は静止し、波の速度は一定値 c だとする。波源が静止しているときに発せられる波の波長 λ は、(3.4)式から求められる。

ある瞬間に波源から出された波面は、1秒後には、放出された地点から距離 c の地点に達している。波源も距離 v だけ動いており、先頭の波面と波源の距離 $c-v$ の間隔に、1秒間に放出された ν 個の波面が存在する。したがって、媒質中を伝わる波の波長 λ' は、波源が静止しているときの波長 λ よりも、$(c-v)/c$ の割合で押し縮められている（**図3-9**）。(3.4)式によれば、波長と振動数の積が（ここでは一定と仮定している）波の速度 c になるのだから、観測される振動数 ν' は、波長が押し縮められるのに反比例して増大する。

$$\nu' = \frac{c}{c-v}\nu \qquad (3.5)$$

(3.5)式によると、波源の速度 v が波の速度 c に等しくなると、観測される波の振動数は無限大に発散する。これは、運動速度が波の速度に達すると、

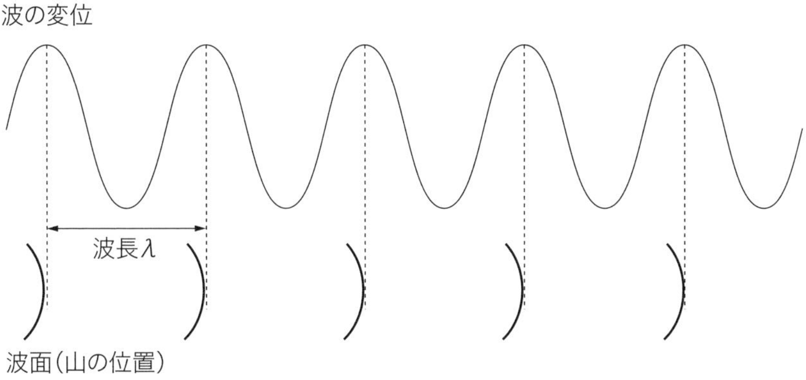

図3-8 波の変位と波面

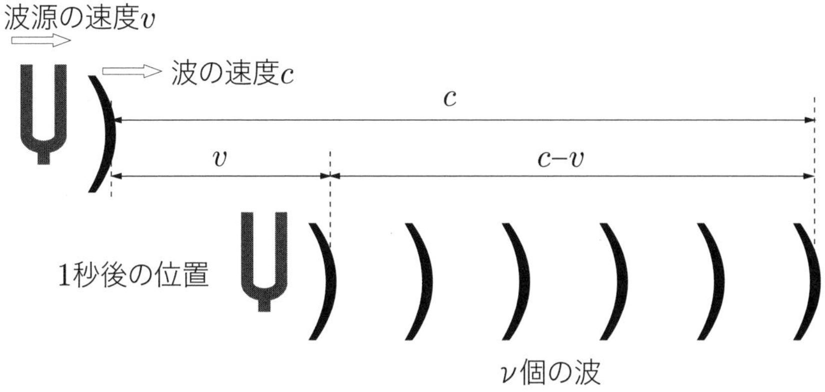

図3-9 波源が運動する場合

衝撃波が発生することを意味する。衝撃波は激しい振動を引き起こすため、超音速で飛行するジェット機から発せられる衝撃波によって、窓ガラスが破砕されることもある※3。

波源が静止し観測者が速度 u で遠ざかる場合には、観測者から見て波の相対速度が c から $c-u$ に減少するので、それに応じて、1秒間にやってくる波の個数、すなわち、観測される振動数 ν' が、元の値 ν に対して $(c-u)/c$ の割合で変化する（**図3-10**）。

※3　高校物理では、(3.5)式や(3.6)式のようなドップラー効果の公式は、暗記すべき式だと教えられることが多い。しかし、ここで記したように、運動速度が波の速度に等しくなったときに何が起きるかをイメージすれば、波源と観測者どちらの速度が分母に来るか、符号のプラスマイナスは速度がどちら向きのときかなどは、覚えていなくてもすぐにわかるはずである。また、光のドップラー効果では、(相対論的な効果によって) これらの式に補正が加えられる。このため、(3.5)式や(3.6)式を公式として暗記することはお勧めできない。

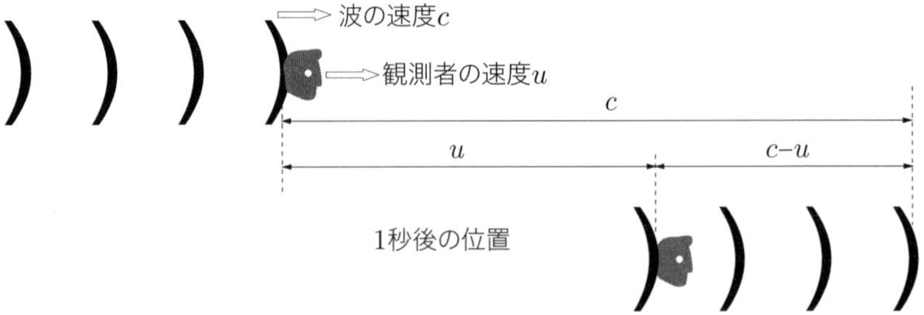

図3-10　観測者が運動する場合

$$\nu' = \frac{c-u}{c}\nu \tag{3.6}$$

(3.6)式では、u が c に等しいとき観測される振動数が0になるが、これは、波と同じ速さで逃げると波が追いつけないことを意味する。

ドップラー効果は、さまざまな分野で応用されている。第1章1-1節で言及したドップラーレーダーは、マイクロ波（電磁波の一種）や超音波のドップラー効果を利用して、運動物体の速度を測定する装置である。例えば、医療用の超音波ドップラーレーダーは、照射した超音波を血球に反射させて受信することで、血流を調べるのに利用される。ここでは、自動車のような運動物体に超音波を照射する装置を考えよう。話を簡単にするため、物体や超音波が進む向きは一方向に限られており、音速は常に一定値 c になると仮定する。

静止した装置から発射された超音波が、装置に向かって速度 u で接近する運動物体に到達する場合を考える（**図3-11**）。このとき、物体上で観測される振動数 ν' は、(運動の向きが「遠ざかる」ではなく「近づく」なので）(3.6)式の u を $-u$ に置き換えたものになる。物体上での振動数が ν' なのだから、反射波の振動数は、振動数 ν' の波を発射する波源が速度 u で接近するケースに相当するので、(3.5)式の v を u に、ν を ν' に置き換えた式になる。反射波の振動数 ν'' は、

$$\nu'' = \frac{c+u}{c-u}\nu$$

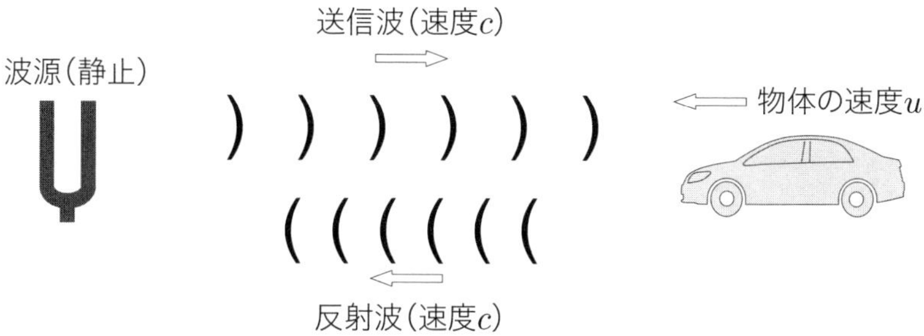

図 3-11 運動物体に反射される波

で与えられる。したがって、物体に反射されて戻ってきたレーダー波の振動数を観測すれば、運動物体の速度 u が求められる。

重ね合わせと干渉

波が持つ最も重要な性質は、同じ振動数を持つ2つの波が同一地点に到達したとき、重ね合わせの状態を形作ることである。波は、ある媒質を振動が伝わる現象であり、振動を引き起こす作用が同時に加わったとき、効果が足し合わさったり打ち消しあったりして振幅が変動することが可能だからである。

2つの波が重なったときの変位は、必ずしも、それぞれの波による変位の和にはならない。海面を伝わる高さ1メートルの波が2つ重なった場合、あまりに波高が高くなると先端が崩れるなどの影響が現れるからである。重なった波の正確な波形は、波が従う方程式を解いて求めなければならない。しかし、変位が小さい場合は、近似的に2つの波の変位を足し合わせたものに近くなる。また、電磁波や量子論の波動関数のように、重なっても波が崩れず、常にそれぞれの変位の和になるケースもある。

干渉実験でよく用いられるのが、レーザー光である。レーザー光は、さまざまな位相の波が入り混じる自然光に比べて、干渉が起きやすいという特徴がある。

単一振動数の光を発するレーザー光源から出た光の波が、2つのスリット（光が通るように隔壁に開けた細い隙間）を通過する場合を考えよう。スリットを通り抜けた波は、それぞれ円形の波（スリットが直線状ならば、これを中心軸とする円筒形の波）になる。

波長 λ のレーザー光が、2つのスリットを通過した後、再び同じ地点に達する場合を考えよう。ある瞬間の波面のスナップショットを撮ったとき、**図3-12**に示したように、合流点で山を表す波面が重なったとする。2つの波は同じ振動数なので、時間が経過しても、山と山、谷と谷というように、常に同位相で重なり合うため、合成波の振幅は、それぞれの波の振幅を足し合わせたものになる。これは、波の重なりによって互いに強め合うことを意味する。

スナップショットで明らかなように、同位相での重なりが生じるのは、それぞれの経路に存在する波の個数（端数を含む）の差が整数になったときである。波の個数は、経路の幾何学的な長さ（経路長）を波長で割ったものなので、2つの経路長 L_1 と L_2 の差が波長 λ の n 倍（$n = 0, 1, 2, \cdots$）になるときに、同位相で重なる。

$$|L_1 - L_2| = n\lambda \tag{3.7}$$

このとき、波が同位相で重なることによって強め合うため、(3.7)式を満たす地点は、その周辺よりも明るくなる。

経路長の差が波長の $(n + 1/2)$ 倍になる場合、山と谷が重なることになり、2つの波が逆位相となって互いに弱め合い、周りより暗くなる。

同一の波源から出て2つのスリットを通り抜けた光波が重ね合わさると、同位相になって明るく見える部分と、逆位相になって暗く見える部分が交互に並んで現れる。スリットが細長い直線状ならば、明暗が縞模様のように見えるため、これを干渉縞と呼ぶ。干渉縞は、精密な光学測定を行う場合に、しばしば利用される。

干渉縞を利用した測定装置としてよく利用されるのが、マイケルソン干渉計である（**図3-13**）。これは、光源から出た光を半透明鏡（斜めに光を入射したとき、ほぼ半分の光を反射し、残りを透過させるような鏡）で2つに分け、それぞれ鏡で反射させて再び重ねる装置で、一方の鏡を少しずつ移動するにつれて、重ね合わされた光が明るくなったり暗くなったりと変化する。波長のわかって

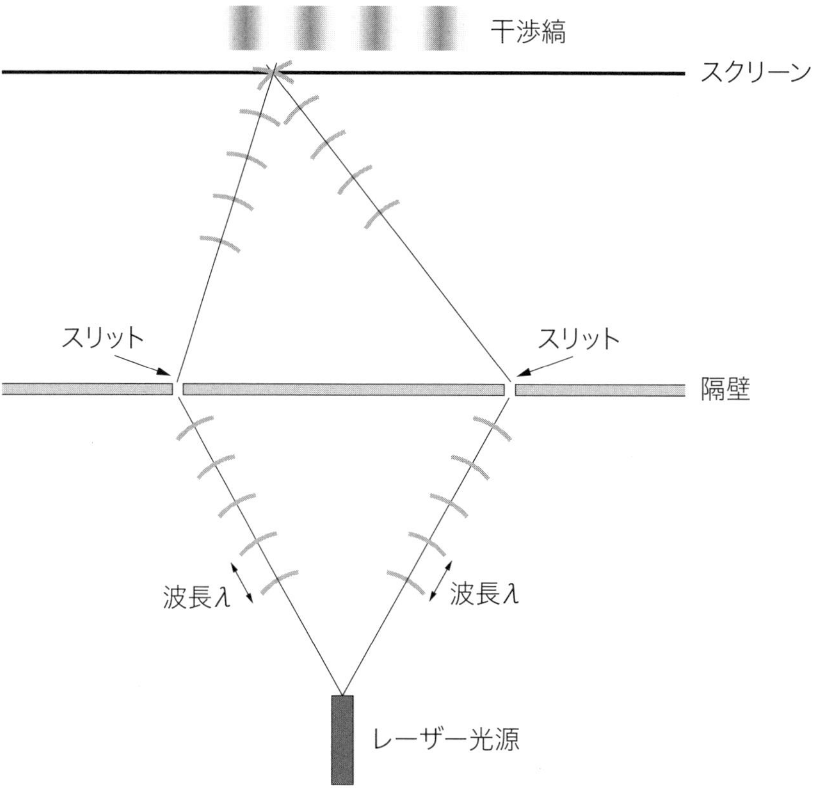

図3-12 レーザー光による二重スリット実験

いるレーザー光の場合は、鏡を移動させたときの明滅の回数によって、移動距離が求められる。この装置を使うと、長さを測定したい物体に沿って移動鏡を移動させることで、物体長の精密測定が可能になる。

定在波の形成

波は、振動が媒質中を伝わる現象だが、何らかの制限によって波が特定の範囲に閉じ込められると、どこにも進行しない波が形成されることがある。この現象は、閉じ込められた波が行き交う過程で干渉し合った結果、多くの波は互

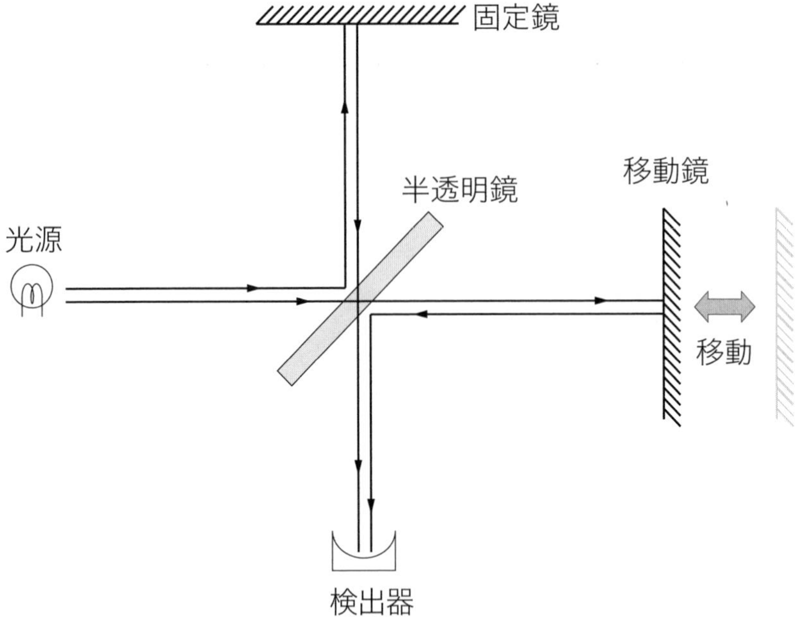

図 3-13　マイケルソン干渉計

いに弱め合って消滅し、((3.7)式のように) 特定の条件を満たす波だけが生き残った結果である。

よく知られた例が、管楽器の内部で生じる気柱の振動である。リコーダーのような管楽器に息を吹き込むと、進行する波が管の端 (大気に接する開口端とする) で反射した波と干渉する。管の軸方向に開口端を原点とする x 軸をとり、進行波と反射波が同じ振幅の正弦波で表されるものとしよう。開口端で反射する波は進行波と同位相になると仮定する (厳密に言うと少し位相がずれるが、ここでは問題にしない)。 $x = 0$ の開口端で同位相になるような進行波と反射波としては、(3.3)式で x の前の符号をプラスとマイナスにしたものを選べばよい。2 つの波を重ね合わせたときの振幅 ϕ' は、三角関数の加法定理を用いて次式のように求められる。

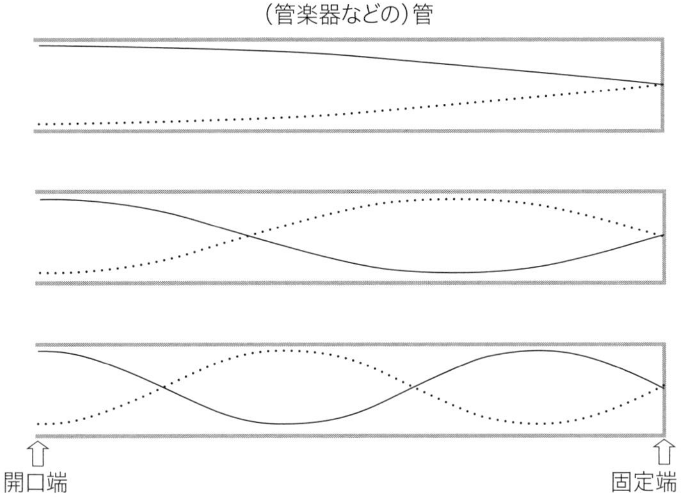

図 3-14 管の定在波

$$\phi' = A\sin 2\pi\nu\left(t+\frac{x}{c}\right) + A\sin 2\pi\nu\left(t-\frac{x}{c}\right)$$
$$= 2A\sin 2\pi\nu t\cos\frac{2\pi\nu x}{c} \tag{3.8}$$

この式が示すように、進行波と反射波の重ね合わせによって形成された波は、時間とともに進行することはない。単振動を表す(3.2)式（初期位相 B を0と置いたもの）と比較すると、ある地点 x における振幅 A' が

$$A' = 2A\cos\frac{2\pi\nu x}{c} \tag{3.9}$$

となり、すべての地点が同位相で振動するような波となる。このように、波が進行せず、あらゆる地点で同位相の振動（水の表面波ならば上下動）を繰り返すような波は、定在波（ないし定常波）と呼ばれる。

(3.8)式は、$x=0$ に開口端があるという条件で求めたものだが、管内部に形成される気柱には、もう一方の端がある。ここでは、$x=L$ の地点に、媒質が動けず変位が常にゼロになるような固定端があるとしよう（**図3-14**）。

(3.8)式で変位 ϕ' が時間 t によらずに $x = L$ でゼロになるためには、

$$\cos\frac{2\pi\nu L}{c} = 0 \tag{3.10}$$

という条件式が満たされなければならない。この条件式は、振動数 ν（または、(3.4)式から求められる波長 λ）が整数で指定される値に制限されることを意味する。(3.10)式のケースで言えば、cos 関数の値がゼロになるように、

$$\frac{\nu L}{c} = \frac{L}{\lambda} = \frac{n}{2} + \frac{1}{4} \quad (n = 0, 1, 2, \cdots) \tag{3.11}$$

という条件を満たす必要がある※4。整数で指定される定在波の振動数 ν を固有振動数という。

振動数や波長が整数で指定される飛び飛びの値に制限されることは、定在波の著しい特徴である。(3.11)式からわかるように、同じ材質・構造の物体は、定在波が形成される領域が長大なほど、波長が長くゆっくりと振動する傾向がある。

波が閉じ込められたことで形成される定在波は、どこにも進んでいかず、同じ場所で上下動を繰り返すような振動であり、場所に依存する波形と各地点での振動項の積の形になる。(3.8)式に示されるように、波形には、変位が常にゼロになる地点や最大変位で振動する地点が現れるが、これらは、節《ふし》・腹《はら》という物理学用語らしからぬ表現で呼ばれる。

◆◆◆◆◆

波がある領域に閉じ込められると、しばらくは領域内部で波が行き交って複雑な動きを見せるが、干渉し合うことで多くの振動成分が打ち消し合い、最終的には、定在波だけが生き残る。熱の散逸によって振動のエネルギーが失われるので、いつまでも振動が続くわけではないが、それでも、かなり長期間にわたって、固有振動数での振動を続ける。

こうした振動が持続する間に、外部から作用を加えて媒質を固有振動数で揺らし続けると、振動のエネルギーが供給されて、定在波の振幅がなかなか減衰せず、ときに増幅されることがある。この現象を共振（共鳴）と言い、工学的に応用することも可能である。

※4　管の端が開口端か固定端かによって、あわせて4通りの可能性があるが、開口端で腹、固定端で節になるような波形を描けば、振動数や波長は簡単に導ける。

二酸化ケイ素の結晶である水晶は、電圧を加えると変形する圧電体である。水晶は、3万2768Hzの固有振動数で振動するため、この値に近い振動数を持つ交流電圧を加えると、共振によって結晶が持続的に振動する。結晶は固有振動数で変形し、電気的な特性も周期的に変化する。この特性の変化を利用して、年に数秒から数十秒程度という比較的小さな誤差で時間の計測を行えるようにした装置が、クォーツ時計である。

このように製品に応用される一方で、共振は、構造体の破壊につながる現象でもあり、建築物や車両などを設計する際、その制御が技術的な課題となる。

ケーススタディ 長周期地震動

建築物が地震で揺さぶられた場合、建築物内部に生じたさまざまな波動が干渉し合った後、定在波による共振が残って揺れが持続する。一般に、大きな建築物ほど小さな振動数（長い周期）でゆっくり揺れる振動が続く。地震に含まれる長周期成分が注目されたのは、1985年にメキシコを襲ったM8.0の大地震で、震源地から300km以上も離れたメキシコシティで大きな被害が出た。特に、14階建てのビルが数多く倒壊しており、固有周期（共振するときの周期で、固有振動数の逆数）が1.4秒程度の建築物が地震の長周期成分に共振して被害を拡大したと見られる。

日本で長周期地震動による大きな被害が生じたのは、2003年の十勝沖地震である。苫小牧にある円筒形の大型オイルタンクに貯蔵されていたナフサ（粗製ガソリン）が、長周期の地震動に共振してスロッシングを起こした。スロッシングとは、共振によって液体全体が大きく揺れ動くことで、容器壁面は、気柱の開口端に相当し定在波の腹になる（**図3-15**）。

波面を上から見ると、円の直径に当たる部分が振動しない節になる。節の両側では変位の符号が逆で、一方が出っ張ると他方が引っ込む（図では、影の有無で区別）。円筒形のタンクなので、節となる直径がどの向きになるかあらかじめ決まっているわけではなく、入射する地震波などに応じて、どこに節ができるかが定まる。

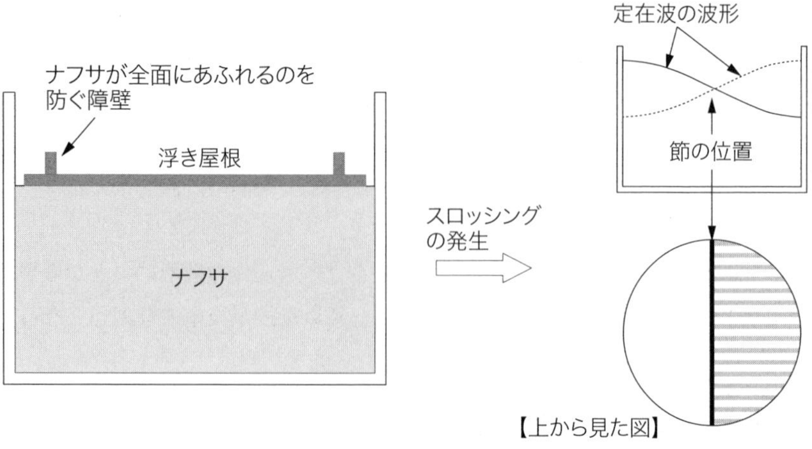

図 3-15　オイルタンクのスロッシング

タンクには、ナフサが揮発するのを防ぐために浮き屋根が設けられていたが、激しいスロッシングのせいで上部にナフサがあふれて浮き屋根が沈んでしまい、表面に撒いた泡消火剤も折からの強風で吹き飛ばされ、ナフサが大気に直接触れる状態になった。この状態で気化したナフサに電気系統からの火花が引火し、液面全体から炎が上がるという全面火災に拡大、配備されていた消火機器では対応できず、タンクが倒壊するまで44時間にわたって燃え続けた。

従来の地震対策は、短周期の揺れがもたらす力に耐えられるような耐震設計が中心となっており、大規模建築における長周期地震動への備えは、必ずしも十全ではない。

3-2 量子効果と原子の構造

波動は、目に見えるケースにとどまらない。**自然界に見られる秩序は、原子サイズのミクロの物理現象における波動的な性質の現れ**だと考えられている。こうした波動性を持つ物理現象を記述するのが、量子論と呼ばれる理論である。

※5　量子論によってはじめて説明できるこれらの性質・技術に関しては、その理解に専門的な知識を必要とするので、本書では解説しない。残念ながら、一般向けの包括的な解説書でわかりやすいものはほとんどないので、興味のある読者は、それぞれの分野の専門書にチャレンジしてほしい。

量子論によって記述される現象は、あらゆる分野にわたる。結晶が幾何学的な構造を示す理由は、量子論以外では説明がつかない。物質のさまざまな性質、例えば、多くの金属が良導体で金属光沢を持つ理由や、ガラスが透明で脆い理由も、量子論が登場してはじめて理解することができた。恒星がなぜ輝くのか、植物はどのようにして光を栄養源に変えるのかも、量子論を使わずには正確に語れない。技術的な応用も多い。スマートフォンで日常的に使われるフラッシュメモリー、PCの性能を飛躍的に向上させた大容量ハードディスクも、量子効果の応用として開発された[※5]。

量子論とは何かをわかりやすく解説するには、最もシンプルな対象から始めるのがよいだろう。こうした対象としては、1個の原子が考えられる。原子核と電子から構成される原子は、ニュートン力学の範囲では不安定になり、瞬時に崩壊することが示される。本節では、「現実の原子が壊れずに存在できるのは、どのようなメカニズムが働いているからなのか」という問いかけを通じて、量子論の特徴を明らかにしたい。

古典論の不安定性

水素原子を例にとろう。水素原子は、(第2章2-1節に記したように) 中心にある重い陽子と周囲にある軽い電子から構成される。しかし、重い太陽の周囲を軽い惑星が回るのと同じように、電子がニュートン力学に従って陽子の周りを回っていると考えると、原子は不安定になることが示された[※6]。

陽子と電子は、それぞれ正と負の電荷を持つため、原子の内部には、陽子から電子に向かう方向に電場が生じる。電子が陽子の周りを回ると、電場も回転する。電場が周期的な変動をするため、電磁誘導の法則によって、同じ周期で変動する磁場が誘起される。この電場と磁場の周期的変動は、電磁場の波を生み出す。波はエネルギーを運ぶため、電子と陽子のシステムが持っていた力学的なエネルギーは、電磁波のエネルギーとして周囲に散逸する。

陽子と電子の間のクーロン力は、形式的にはニュートンによる重力と似ている。このシステムがエネルギーを失うことは、ちょうど、重力によって地球の周囲を回る人工衛星が、大気との摩擦で運動のエネルギーを失う過程になぞら

※6 原子が原子核と電子から構成されると不安定になることは、19世紀末から認識されており、その困難を避けるため、電子の負電荷を相殺する正電荷は、原子核のような粒子状の塊ではなく、薄く広がっていると推測されていた。原子の中心部に、原子全体とほぼ等しい質量を持つ正電荷の塊が存在することは、1908年から数年間にわたって行われたラザフォードらの実験によって明らかにされ、その段階で原子を安定化する理論が必要となった。

えることができる。エネルギーを失った人工衛星は高度を下げ、多くは大気との摩擦熱で燃え尽き、一部は地表まで落ちてくる。

それと同じように、電磁波を放出してエネルギーを失った電子は、軌道半径を減少させ、最終的には陽子と合体する。こうした原子の崩壊は、文字通り一瞬で起きるので、物質は瞬時に潰れ、宇宙空間には陽子と電子が合体した中性の物質がガス状に薄く広がるだけとなる。

幸い、こうした破滅的な事態は現実には起きない。太陽は百億年にわたって輝き続け、地球の表面では原子から構成された物質によって多様な現象が生起する。これは、原子内部での電子の運動が、ニュートン力学には従っていないことを意味する。それでは、どんな法則に従っているのだろうか？

原子が持つエネルギー

原子が安定な状態を保つ理由はなかなかわからなかったが、20世紀の初頭に、理論と実験を通じて、ミクロの世界は奇妙な法則に従っているという知見が蓄積された。

1900年、プランクは原子が光を吸収·放出する際、やりとりされるエネルギーが、光の振動数 ν の定数倍を単位とするという理論を提唱した。後に、この定数はプランク定数と名付けられ、記号 h で表される。1個の原子が光を吸収·放出する前後で原子が持つエネルギーの差 ΔE は、光の振動数 ν とプランク定数 h を使って、

$$\Delta E = h\nu \tag{3.12}$$

と表される。

プランクは、原子内部で電子が振動しており、そのエネルギーの差が $h\nu$ になるように振動が制限されると考えたが、1905年にアインシュタインが、エネルギーの単位が $h\nu$ になるのは原子ではなく光の特性だという光量子論を提唱した。光は、マクスウェルの電磁気学で示されるような電磁場の波ではなく、$h\nu$ というエネルギーの塊（光量子）として振る舞うという考え方である。アインシュタインのアイデアは、10年以上にわたってまったくの誤りだと思わ

れていた。しかし、1910年代後半に行われた実験で正しさが実証され、1921年にアインシュタインがノーベル賞を受賞する際の受賞理由となった。

電子が原子内部でどのような状態にあるかは、長く不明だった。原子構造を解明する手がかりとなったのは、19世紀末から20世紀初頭の実験によって、原子が吸収・放出する光の振動数に見出された規則性である。水素原子が吸収・放出する光に関しては、振動数 ν が次式で表されることが発見された。

$$\nu = cR\left(\frac{1}{n_2^2} - \frac{1}{n_1^2}\right) \quad (n_1, n_2\text{は}\, n_1 > n_2\text{となる正の整数}) \qquad (3.13)$$

R はリュードベリ定数と呼ばれる。水素以外の原子に関しても、吸収・放出される光の振動数を R を含む簡単な式で表せるケースがある。

原子が光を吸収したり放出したりする際には、原子が持つエネルギーが変化するはずである。(3.13)式は、こうした変化の前後における水素原子の状態が、n_1、n_2 という正の整数で指定されることを示唆する。水素原子のエネルギーを、惑星運動での力学的エネルギー（第1章 **図1-13** 参照）と類比的に考えるならば、エネルギーの値は負になると推測される。

(3.12)式によれば、吸収・放出される光のエネルギーは、(3.13)式にプランク定数 h をかけたものとなる。以上の知見をまとめると、水素原子の持つエネルギーが、正の整数 n を用いた次式で表されると考えられる。

$$E_n = -\frac{hcR}{n^2} \quad (n = 1, 2, 3 \cdots) \qquad (3.14)$$

正整数 n で指定されることを表すために、エネルギーを表す記号 E に添え字として n を付けた。

水素原子のエネルギー E_n は、(3.14)式で示されるように、n によって指定される飛び飛びの値に制限される。正整数 n は、エネルギーの値に加えて、水素原子の状態を決定すると考えられる。後の量子論で使われる呼び方を先回りして、n を「量子数」と呼ぶことにしよう（物理学的に厳密なことを言えば、n は主量子数であり、水素原子の状態を完全に指定するためには、n 以外の整数があと2つ必要になる）。

水素原子が量子数 n_1 の状態（始状態）から n_2 の状態（終状態）へと遷移

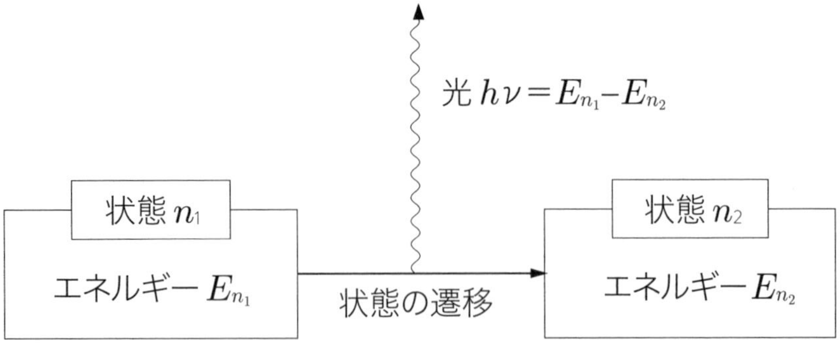

図 3-16　光の放出による状態遷移

するケースを考える。$n_1 > n_2$ とすると、(エネルギーが負になることを考慮して) エネルギーが高い状態から低い状態へと遷移するので、外部に余剰エネルギーが放出される。光が余剰エネルギーをすべて持ち去るものとし、光のエネルギーが(3.12)式に記された $h\nu$ だと仮定すると、この過程で全体のエネルギーが一定に保たれるという条件から(3.13)式が導かれる (**図3-16** 参照)。

水素原子のエネルギーが(3.14)式で与えられるというアイデアは、原子が安定することと密接に関係する。この式によると、原子のエネルギーが最低状態になるのは $n=1$ の場合であり、それ以下のエネルギーになる状態は存在しない。したがって、原子のエネルギーが(3.14)式の形に制限されるならば、「光を放出してエネルギーを失った電子が中心部に落ち込み、陽子と合体して原子が崩壊する」という事態は避けられる。

しかし、水素原子のエネルギーがなぜ量子数 n で指定され、なぜ(3.14)式が成り立つのか、今の段階ではまったく説明がつかない。

物質波のアイデア

原子の持つエネルギーが制限される理由について、最初のブレイクスルーは、1924 年にド＝ブロイによって成し遂げられた。彼は、電子が粒子と波動という 2 つの性質を併せ持つと解釈したのである。ただし、その主張は、「粒子に波が付随する」とか「粒子内部に振動する何かがある」といった曖昧なもので、物理的に何を意味するのかはっきりしなかった。

ド=ブロイのアイデアを発展させたのが、シュレディンガーである。彼は、「電子は粒子ではなく波そのものだ」と考え、電子が電気的な力で原子核に束縛された状態とは、電子の波が原子核の周囲に定在波を形成することだと仮定した。電子の波は、縦・横・高さを持つ通常の3次元空間におけるすべての地点で、その強度が周期的に変化する。水の表面波や弦を伝わる波とは異なり、物体（水面や弦）の位置が変動するのではない。

(3.11)式に示されるように、閉じ込められることで形成される定在波は、整数によって振動のパターンが指定される。シュレディンガーは、定在波が持つこの性質が、原子のエネルギーが量子数で指定される理由だと考えた。

1926年、シュレディンガーは、ド=ブロイの理論と整合的になるように電子の波が従う方程式（シュレディンガー方程式）を求め、これを水素原子に適用するとどうなるかを調べた。その結果、中心にある陽子を固定し、陽子からの距離に応じてクーロン力と同じ式で表される電気的な力が作用すると仮定した場合、陽子の周囲に電子の定在波が形成されることが示された※7。

水素原子が持つエネルギーは、定在波の振動数を ν とすると、光量子論の場合と同じく $h\nu$ で与えられる。

シュレディンガーは、実際に波の方程式を解いて、水素原子が持つエネルギーが(3.14)式の形になることを導いた。係数となるリュードベリ定数は、電子の質量 m 、微細構造定数 α 、光速度 c 、プランク定数 h を使って次式で表される。

$$R = \frac{\alpha^2 mc}{2h} \tag{3.15}$$

微細構造定数 α は電磁気相互作用の強さを表す無次元の（単位のない）定数で、単位系の定義によらないため、真空の誘電率などといった煩わしい量に惑わされずに済む。現在では、さまざまな実験によって、11桁の精度で値が得られている。ここでは、電気素量 e 、プランク定数 h 、光速度 c 、クーロンの法則の比例係数 k を用いたSI単位系による定義も記しておく。

※7　実際には、水素原子の実態と合致させるために、波動関数の規格化などの作業が必要となり、音波や水の表面波のような通常の波とはかなり異質であることが、当初から認識されていた。

$$\alpha = \frac{2\pi k e^2}{hc} \tag{3.16}$$

水素原子のエネルギーを説明できるなど、シュレディンガーの手法は多くの成功を収めた。彼は、自分が作り上げた新しい理論体系を、「波動力学」と呼んだ。

ケーススタディ　水素原子の定在波

シュレディンガーの理論は数学的に難解で、水素原子で形成される定在波を初等的な式で表すことはできない。このため、高校物理ではまったく触れずに済ませるのがふつうである。しかし、節の位置を図示することで、定在波としての特徴を定性的に見ることは可能である。ここでは、3-1 節の【ケーススタディ】で取り上げた円形タンクのスロッシング現象と比較してみたい。

定在波は、特定の波形が全体として同位相で振動するような波である。同位相の振動部分（(3.8)式で言えば $\sin 2\pi\nu t$ ）は、式全体にかかる共通項なので、これを除いた波形の項（(3.8)式の場合は、(3.9)式として抜き出した A' ）を考える。

量子数 n の値が 1 の場合、この波形は、陽子からの距離 r だけに依存する関数で表される。このとき節は存在せず、陽子の位置が腹となって最大振幅で振動する。

n が 2 以上になると、振動しない節の部分が生じる。3 次元空間内部の定在波なので、節は 2 次元の面になる。水素原子では、節は平面か、陽子を中心とする球面のいずれかになる。

節が平面のとき、円筒形タンクにおけるスロッシングの場合と同じく、節の面がどの向きになるかあらかじめ決まっているわけではない。ここでは、陽子の位置を原点とする xyz 座標を取ったときに、平面状の節が xy 面に垂直になるようなケースに限定して考える（座標軸は自由に選べるので、一般性は失われない）。**図3-17**には、xy 面上での節の位置を示し、さらに、変位の符号（出っ張るか引っ込むか）に対応した影を描き込んだ。図中にある 1s、2p、3d などの記号は、物理学者が定在波のパターンを分類する際に用いる指標である。

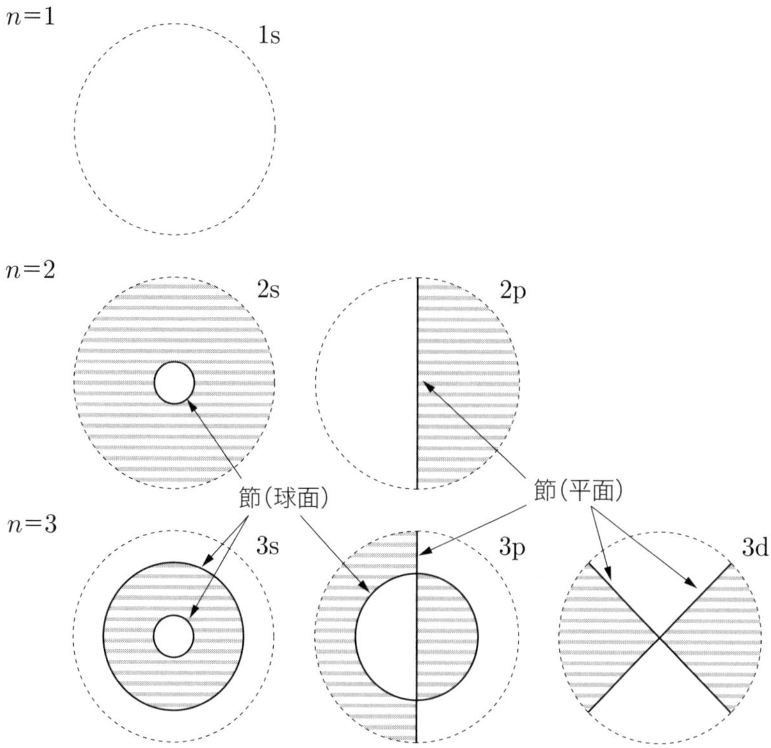

図3-17 水素原子の定在波

スロッシングでは、タンクの側面が境界となり、その外側に波は存在しない。しかし、水素原子に形成される定在波は、中心から遠ざかるにつれて変位が小さくなるものの、その外側で変位がゼロになるような境界はない。図には円形の点線を示したが、これは見やすくするために便宜的に描いただけで、境界ではない。定在波は、振幅を小さくしながら、どこまでも広がっている。

参考のため、中心からの距離に対する波形（各地点における最大変位）として 1s,2s,3s の定在波のケースを示しておく（**図3-18**）。波形のグラフと横軸（点線で表示）の交わる位置が、節となる球面の半径である。

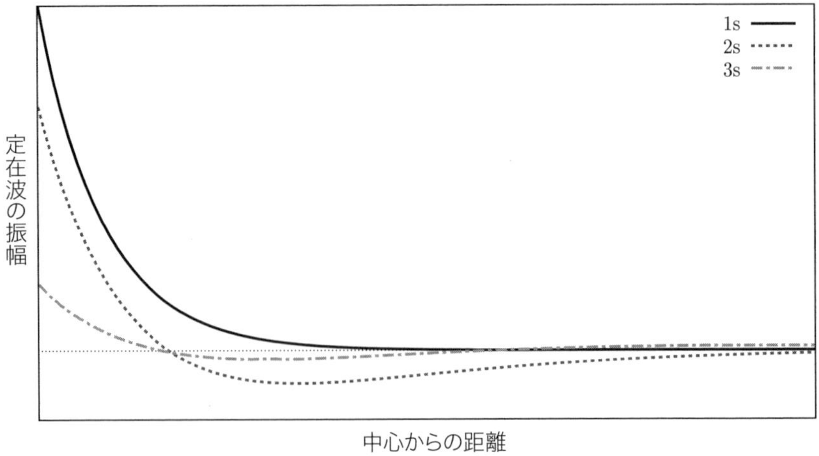

図3-18　水素原子の波動関数

現在の解釈

「電子は波だ」「原子内部には電子の定在波が形成される」というシュレディンガーの解釈は斬新で革新的であり、水素原子のエネルギーを表す(3.14)式を導き出すことに成功した。しかし、その一方で、原子から飛び出した電子の振る舞いを説明するのが困難になった。

第2章2-1節に記したように、強い電圧を加えることで陰極側から放射されたビーム（陰極線）は、実験によって高速運動をする粒子の集まりだと結論された。この粒子は一定の質量と電荷を持ち、近似的にニュートン力学に従っているように見える。このように、電子は原子の外側では粒子として姿を現す。ところが、シュレディンガーによると、原子内部に捉えられた電子は、まるで融解して波になったかのように振る舞うという。この主張は矛盾を内包しているとも思え、原子の構造に関してまったく異なる考え方を提案していたハイゼンベルクらに厳しく批判された。

一方、ハイゼンベルクの主張は、哲学的でわかりにくい。彼は、人間の認識能力に限界があるため、物理現象の本質は理解不能だと考えた。この考えに基づいて、電子は波か粒子かを決定することはできず、波動性と粒子性を兼ね備えたものとして扱わざるを得ないと主張した。

シュレディンガーは、後に「電子は粒子ではなく波である」という元々のアイデアを撤回し、シュレディンガー方程式に従う波は、電子の確率的な振る舞いを記述するという「確率解釈」に変更した。波の振幅が大きい場所は、粒子である電子が存在する確率が高いという考え方である。台風情報として気象庁が発表する予報円は、ある時刻に台風がその内部に存在する確率が70%になるような円を意味するが、シュレディンガーが求めた電子の波も、同じように電子が存在する確率を表すとされる。

この解釈は、ハイゼンベルクを含む研究者グループが提案していた理論と数学的に同等であり、20世紀半ばには、確率解釈が標準的になる。素朴な言い方をすると、電子は粒子として存在し、波のように運動することになる。

◆◆◆◆◆

しかし、「電子は粒子ではなく波だ」というシュレディンガーのアイデアが廃れたわけではなかった。

1925年から29年にかけて、ハイゼンベルクと共同研究を行ったこともあるヨルダンが、新しい場の理論を構築する。従来の場の理論は、電磁場のように、空間のあらゆる地点に物理現象の担い手となる場が存在し、これが特定の値を取ることで、さまざまな過程が引き起こされるというものだった。しかし、ヨルダンは、場に物質波のアイデアを適用することを思いついた。

ヨルダンが採った手法は数学的なものだが、これを直観的に説明すると、次のようになるだろう。「電子は粒子ではなく波である」というシュレディンガーのアイデアは、「粒子」を「特定の位置に存在するもの」、「波」を「広がって振動するもの」と解釈し直すならば、「電子は特定の位置に存在するのではなく、広がって振動する」と読める。ここで、電子の位置の代わりに場の強度を持ってくると、「場の強度は特定の値を取るのではなく、値が広がって振動する」という主張になる。この考え方に基づいて、シュレディンガーが行ったのと同じ手法で場を扱うと、広がった場の強度があたかも定在波を形成するかのように振る舞い、そのエネルギーが $h\nu$ という塊になることが示された。これが、「場の量子論」と呼ばれる理論である。

場の量子論は、当初、多くの欠陥を抱えていると見なされたが、「くりこみ」や「対称性の破れ」などのさまざまな手法（数学的に難解なので、説明は省略する）を導入することで欠陥を克服することができ、1970年代には、「素粒子の標準模型」と呼ばれる統一的な理論にまとめられた。

場の量子論によると、電子などの素粒子（基本粒子として扱われるもので、ほかにクォークやゲージボソンなどがある）は、場がエネルギーを得て定在波を形成した状態であり、「波が粒子のように振る舞っている」と見なされる※8。ただし、場の挙動を厳密に計算することは不可能であり、2個の素粒子が衝突したときの反応のような、きわめて単純な現象しか解析できない。多くの謎が未解明のまま残された不完全な理論なので、高校物理の教科書を始め、一般向けの解説で場の量子論が取り上げられることは、ほとんどない。このため、電子の振る舞いのような量子論的な現象に関しては、いまだに「粒子であると同時に波である」といった理解不能な説明に終始することが多い。しかし、多くの物理学者は、場の量子論か、これをさらに発展させた別種の量子論の正当性を信じている。

3-3 物質はいかにして生まれたか

地球上に生きる人間からすると、世界は物質であふれているように見える。しかし、宇宙的なスケールで眺めると、そうではない。大気圏の外側に出ると、分子の個数は1立方センチあたり数個であり、地表付近の大気に比べて18桁も少ない。銀河と銀河の間では、その百万分の1程度の原子しかなく、宇宙空間は物質のほとんどない空虚な世界だとわかる。太陽や地球は、空虚であるのが当たり前な世界の中に、孤立してポツリと存在する天体である。この孤立した領域に、なぜ多種多様な物質が存在し、生命活動を含む複雑精妙な現象が生起するのか—これは、科学的に説明されるべき問題である。

前節で取り上げた場の量子論によると、素粒子とは、量子論的な場に形成さ

※**8**　定在波が形成されるのは、通常の**3**次元空間とは別個に存在する場の空間の内部である。場の空間における点は、「位置」を表すのではなく、電場や磁場の強度のような「場の値」を表す。場の空間は抽象的な数学によって記述され、直観的にイメージするのは難しい。

れた定在波だと見なされる。本節では、この考えをベースに、「**宇宙創成のビッグバンで解放されたエネルギーが素粒子を生み出し、この素粒子が集まって原子・分子や結晶となって物質を作り上げた**」という学説を紹介する。現在の宇宙にあるのは、宇宙初期に生み出された膨大な物質のうち、安定に存在できるごく一部であり、これらが組み合わされることで多様な世界が形作られた。

質量とエネルギー

かつては、質量とは「物質がどれだけあるかを示す量」だと考えられていた。物質は生成消滅しないとされ、物質の総量は宇宙の始まりから終わりまで一定だという見方もあった。しかし、こうした考え方は、現代物理学によってすべて否定された。

場の量子論が明らかにしたように、素粒子は場の定在波なので、内部に振動のエネルギーを持つ。一方、相対性理論によれば、内部にエネルギー E を蓄えた状態で静止したシステムは、外部から見たとき、質量 m を持つ物体として振る舞うことが示される。E と m は、次の関係式で結ばれる。

$$E = mc^2 \tag{3.17}$$

c は真空中の光速である。(3.17) 式に光速が現れるのは、単に時間的な量と空間的な量の単位を換算するためであって、エネルギーと質量の関係に光が影響するわけではない（この点については、末尾の【ケーススタディ】参照）。

(3.17) 式に現れる質量 m には、2つの側面がある。一つは、重力の起源としての質量である。アインシュタインの重力理論（一般相対論）によると、ある領域にエネルギーが存在する場合、その周辺で時間や空間の尺度が変化することで、重力の作用が現れる。第1章1-2節で紹介したニュートンの重力法則は、天体が持つエネルギーを (3.17) 式に従って質量で置き換え、あたかも質量が重力を生み出すかのように記述したものである。

もう一つの側面は、慣性としての質量である。あるシステムが無重力空間に浮遊しているとき、速度を変えようとしても、慣性の法則によってすぐには変化させられない。この慣性（加速させにくさ）をもたらすのが、システム内部に含まれるエネルギーである。加速させにくさを表す相対論的な式において、エネルギーを質量で置き換え近似したのが、ニュートンの運動方程式である。

◆◆◆◆◆

(3.17)式は、静止したシステムについての式である。システム全体が速度 v で運動する場合、システムが持つ内部エネルギー E は、次の式に拡張される（この式は、相対論的な力学から導かれるが、ここでは説明を省略する）。

$$E = \frac{mc^2}{\sqrt{1-(v^2/c^2)}} \tag{3.18}$$

運動速度 v が光速 c に比べて充分に遅い場合、(3.18)式は、(「はじめに」で示した（A）式に従って）次のように近似される。

$$E = mc^2\left(1+\frac{v^2}{2c^2}+\cdots\right) \approx mc^2 + \frac{1}{2}mv^2$$

この式は、運動物体の持つエネルギーが、近似的に、静止したときの内部エネルギーと、ニュートン力学で用いられる運動エネルギーとの和になることを意味する。

なお、光は常に光速で動き回り静止させられないので、(3.17)式が適用できない。このため、光の質量はゼロと定義されるが、(3.18)式で $m=0, v=c$ と置くと、分母分子がともにゼロなので値が定まらない。光のエネルギーは、(3.18)式とは異なる式で表される。

エネルギーには、運動エネルギー以外に位置エネルギー（ポテンシャルエネルギー）があるが、これを含めたエネルギーに関する一般的な議論は、本書末尾に置かれた終章で改めて行う。

物質の誕生

場の量子論によれば、場が定在波を形成すると、素粒子として観測される。定在波の振動数は飛び飛びの値になっており、最も安定した（エネルギーが最低になる）状態の振動数は、物理法則によって値が定まる。この振動数が振動のエネルギーを決定し、(3.17)式によって外部から見たときの質量となるので、電子などの素粒子は、すべて同じ質量を持つことになる。

それでは、現在の宇宙に存在する素粒子は、どのようにして誕生したのだろうか？

宇宙は、現在から138億年前に、ビッグバンで始まったとされる。ビッグバンとは、きわめて巨大なエネルギーが解放され、このエネルギーを持った空間が膨張し始める瞬間である。ビッグバンのエネルギーによって、宇宙初期には空間の至る所で場が沸き立つように激しく振動しており、それに伴って、膨大な素粒子が生成された。

空間が膨張すると、エネルギー密度（単位体積に含まれるエネルギー）が低下するため、場の振動は弱まっていき、それとともに素粒子も減っていく。ただし、このときすべての素粒子が消えるのではなく、生き残る素粒子もある。

生き残るのは、物質粒子と呼ばれるタイプの素粒子である。ここでは、電子と陽子を考えることにしよう※9。場の量子論によれば、物質粒子の場合、「粒子」に対する「反粒子」が存在する。何もなかった場にエネルギーが注入されると、粒子と反粒子がペアで生成され、粒子と反粒子が衝突すると、ペアで消滅してエネルギーが放出される。イメージとしては、細い帯を逆向きにねじった部分が粒子と反粒子だと思えばわかりやすいだろう。逆向きのねじれは、ペアで一緒に作ったり、同じ場所に集めて全体のねじれを解消したりできる。粒子と反粒子は、これと似た性質を持つ（**図3-19**）。

ビッグバンの直後には場を振動させるエネルギーによって大量の粒子・反粒子ペアが生成されるが、空間が膨張することでエネルギー密度が低下すると、粒子と反粒子は次々にペアで消滅していく。

電子には反電子（物理学者は、「陽電子」という誤解を招きやすい用語を使う）、陽子には反陽子という反粒子が存在する。素粒子の反応が粒子・反粒子の生成・消滅だけならば、ビッグバン直後に生成された電子と反電子、陽子と反陽子は、エネルギー密度が低下するにつれてすべてペアで消滅し、宇宙に物質は存在しなくなる。しかし、粒子・反粒子の生成・消滅以外にも、電子と反陽子、反電子と陽子が互いに変換されるような反応がわずかに起きると推測される（この反応が現実に起きるかは、まだ確認されていない）。電子と反電子、陽子と反陽子がペアで生成・消滅するとき、粒子・反粒子は同じ数ずつできたり消えた

※9 陽子は、厳密には素粒子ではなく、クォークと呼ばれる素粒子から構成される複合粒子であり、また、電子とクォーク以外にも、ニュートリノなどの素粒子を考慮すべきだが、議論をややこしくしないために、電子と陽子に話を限る。

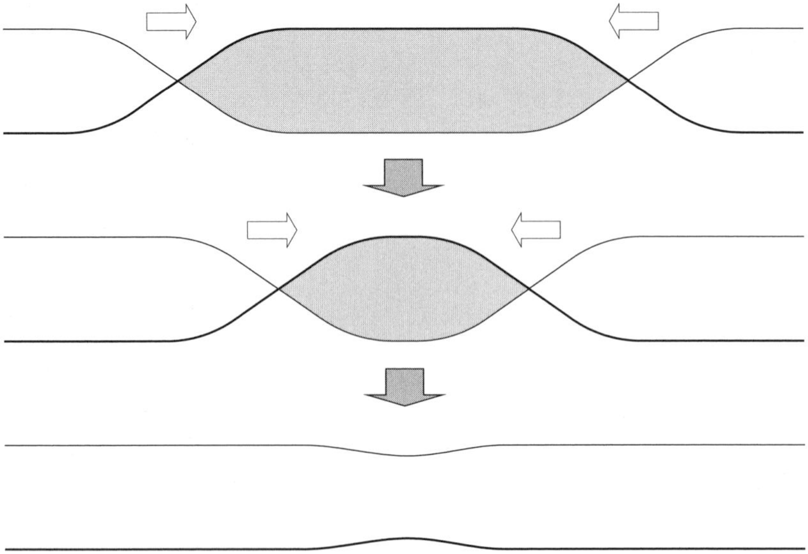

図 3-19　ねじれの対消滅

りする。だが、電子と反陽子の変換が、常に反電子と陽子の変換と同じ割合で起きるとは限らない。ある瞬間に、電子や陽子の方が反電子や反陽子より多くなることも起こり得る。この状態で宇宙空間が膨張し続けると、余分に存在する電子や陽子がペアで消滅する相手（反電子や反陽子）を見つけられないまま残り続ける。

こうして生き残った電子や陽子が集まって、地球をはじめとするさまざまな天体を形作り、その上で生命が活動することを可能にしたのである。これが、宇宙空間にはほとんど物質が存在しないが、完全に消滅せず一部に残っている理由である。

原子核と原子の形成

ビッグバンから短い時間（理論的な計算によると１万分の１秒ほど）が経過すると、宇宙空間に存在する物質粒子は、電子と陽子、中性子だけとなる。適度なエネルギーを持った陽子と中性子が衝突すると、両者が合体して結合状

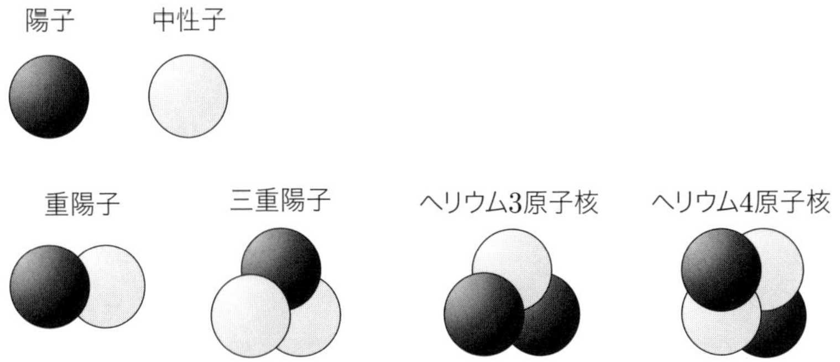

図3-20 宇宙初期に合成される原子核

態を形作る。これが重陽子という複合粒子である（**図3-20**）。重陽子が持つプラスの電荷によって電子が束縛された状態は、重水素と呼ばれる原子となるので、重陽子は、重水素原子核でもある。

陽子、中性子、重陽子の質量は、次の通りである。

$$\begin{aligned} &\text{陽子} \quad m_p = 1.67262\cdots\times10^{-27}\,[\mathrm{kg}] \\ &\text{中性子} \quad m_n = 1.67493\cdots\times10^{-27}\,[\mathrm{kg}] \\ &\text{重陽子} \quad m_d = 3.34358\cdots\times10^{-27}\,[\mathrm{kg}] \end{aligned}$$

重陽子は、陽子と中性子が波のように振る舞い、2つがくっつくような定在波を形作った状態である（厳密に言えば、陽子や中性子を構成するクォークなどの素粒子が定在波を形作るはずだが、現在の理論では、そこまで解明できていない）。重陽子が持つエネルギーは、形成される定在波の振動数によって決まる。

(3.17)式で示したように、各粒子の質量は、その内部にあるエネルギーを表す。数値を比較すればわかるように、重陽子の質量（内部エネルギー）は、陽子と中性子の質量（内部エネルギー）の和よりも小さいので、別の粒子をぶつけるなどして外部からエネルギーを供給しない限り、重陽子が陽子と中性子に分裂することはない。つまり、重陽子は安定な原子核である。重陽子（より一般には、任意の原子核）をバラバラの陽子・中性子にするために供給しなければならない最小のエネルギーを、結合エネルギーという。

重陽子の結合エネルギーは、次のように計算される。

$$
\begin{aligned}
&(m_p + m_n - m_d)\, c^2 \\
&\quad = (1.67262 + 1.67493 - 3.34358) \times 10^{-27}\,[\mathrm{kg}] \times \left(3.0 \times 10^{8}\,[\mathrm{m/s}]\right)^2 \\
&\quad = 3.6 \times 10^{-13}\,[\mathrm{J}]
\end{aligned}
$$

重陽子が安定しているので、ビッグバンから1分ほど経った宇宙では、少しずつ重陽子が増え始める。さらに、重陽子同士、あるいは、重陽子と陽子や中性子との衝突によって、陽子1個と中性子2個が結合した三重陽子（三重水素原子核）、陽子2個と中性子1個が結合したヘリウム3原子核、陽子2個と中性子2個が結合したヘリウム4原子核が生まれる。

宇宙のエネルギー密度が充分に低下し、新たに誕生した原子核の周囲に束縛された電子が電離しにくくなると、宇宙空間には、原子核と電子から構成された原子（水素原子やヘリウム原子）が存在するようになる。これが、物質世界の始まりである。

元素の合成

安定した原子核は簡単には壊れず、地表のように穏やかな環境下では、長期にわたって変化することなく存在し続ける。それ故、近代の（錬金術が不可能だと納得した）科学者は、酸素や鉄のような元素は決して他のものに変わることはないと信じた。

しかし、安定した原子核が決して変化しないならば、宇宙が始まって以来、それぞれの元素は決まった量だけ存在していたという奇妙な状況になる。こうした問題を避けるために、元素は宇宙史のある段階で合成されたという理論が登場する。

元素の合成は、核融合という過程によって行われる。原子核は、陽子と中性子が結合したものだが、原子核同士を強く押しつけると、両者が一つになって安定した結合状態を形作ることがある。原子核はプラスの電荷を持っており、クーロン力によって反発し合うので、それに打ち勝つだけの勢いでぶつけなければならない。また、ぶつけても核融合が起きる確率はそれほど高くないため、衝突が頻繁に起きる必要もある。このため、元素の合成が進むためには、原子核がぶつかる頻度が上がるように、密度の高い状態が必要となる。

ビッグバンの直後の宇宙空間には、陽子・中性子・電子などの粒子が飛び回っていた。エネルギー密度が高いために粒子の運動エネルギーが大きく、密度も高かったため、重水素やヘリウムなどを作る核融合が可能になった。

しかし、宇宙空間が急激に膨張するため、高温・高密度の状態は長く続かない。計算によると、核融合が起きたのは、ビッグバンから数分程度であり、時間的余裕がないため、重水素、三重水素、ヘリウム3、ヘリウム4と、ほんのわずかのリチウムの原子核しか合成できなかった（**図3-20** 参照）。

ヘリウムよりも重い原子核は、主に恒星内部における核融合で誕生したと考えられる。

膨張する宇宙空間には、水素とヘリウムのガスが広がっていたが、少しでも密度の高い領域があると、そこに引っ張り込む重力が強くなる。密度・温度が特定の条件を満たすと、物質が円盤状に渦巻いて集まり、その中心には、水素とヘリウムのガスを主成分とする天体が形成される。天体の中心部は、重力によって押し込まれるため高温・高圧になり、条件次第では、核融合が開始される。この核融合によって、段階的に炭素・窒素・酸素などが合成される。岩石の主成分であるケイ素、地球上の生物に必須のリンやイオウ、アルミニウムや鉄などの金属も生まれる。

世界はなぜ多様なのか

原子は、中心に陽子と中性子が固く結合した原子核が存在し、その周囲を電気的な力で緩く結合した電子が取り巻くシステムである。このことは、世界に安定性と多様性が存在する根拠となる。

陽子同士、中性子同士、陽子と中性子の間には、電気的な力より何桁も強い核力が作用しており、互いに引き合うことで原子核という結合状態を作る。原子核内部では、陽子や中性子（厳密に言えば、その構成要素となる素粒子）が定在波を形作っており、その振動数によって決まるエネルギー（したがって質量）を持つ。

原子核の安定性は、陽子と中性子の個数に依存する。含まれる陽子の割合が高いと、互いに電気的に反発するため、原子核は不安定になりやすい。中性子も多くなりすぎると、ベータ崩壊（中性子が電子を放出して陽子に変わる核反応）を起こすため、不安定である。このため、陽子と中性子がほぼ同数か、やや中性子が多い原子核が安定し、ほかの原子核は不安定になる。

原子の化学的性質は電気的な相互作用によるので、原子核の陽子数（原子番号）によって何の元素であるかが決まる。陽子数が8個の原子核を持つ原子はすべて酸素原子であり、中性子数が異なるものが酸素の同位体と呼ばれる。

安定な原子核は、自然界に270種類ほど存在する。酸素の場合、中性子数が8, 9, 10個のものが安定し、それ以外の原子核は不安定である。例えば、陽子数8個、中性子数7個の原子核は、平均3分弱で陽子が反電子（陽電子）を放出して中性子に変化し、陽子の個数が減るため元素も酸素から窒素に変わる。

陽子数と中性子数を併せた個数が原子の質量をほぼ決定するので、この個数は質量数と呼ばれる。質量数が大きくなると、陽子同士の反発の影響が強くなり、質量数の小さな原子核に比べて、中性子の割合が大きい原子核の方が安定化しやすい。陽子数82の鉛の場合、中性子数122, 124, 125, 126の4つの同位体が安定である（中性子数123の鉛は、寿命が千兆年の不安定同位体）。

◆◆◆◆◆

質量数があまりに大きいと、陽子同士の電気的な反発力が強まり、ほんのわずかに刺激を加えただけで、原子核が破裂するように壊れることがある。これを核分裂と言い、通常は、2個の比較的大きな塊に分かれる。核分裂が起きると、電気的な反発力によって2個の破片が猛スピードで飛び離れるため、巨大なエネルギーが放出される。このエネルギーを利用するのが、原子力発電や原子爆弾である。

核分裂を引き起こす刺激は、主に粒子の衝突だが、電荷を持つと原子核の電荷に邪魔されて衝突しにくくなるため、人工的に核分裂を起こす場合には、電荷のない中性子を衝突させるのが一般的である（**図3-21**）。核分裂を起こす原子核は中性子が過剰になっているため、核分裂して2つの破片に分かれるだ

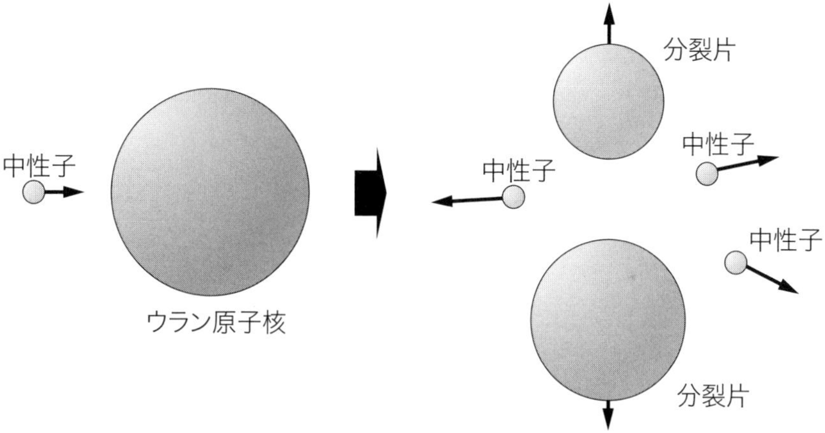

図3-21 ウランの核分裂

けでなく、もともと過剰だった中性子が何個か外部に飛び出す。中性子がぶつかって核分裂を起こした原子核から再び中性子が飛び出すため、この中性子が他の原子核にぶつかってさらなる核分裂を起こすことがある。こうして次々と核分裂が続くことを、連鎖反応という。原子力発電や原子爆弾では、核分裂する原子核を特定の密度（臨界密度）以上に濃縮することにより、核分裂の連鎖反応を起こして大量のエネルギーを放出させる。

核分裂で生じた2つの破片は、自然界に存在するものよりも中性子を過剰に含んでいるため、内部の中性子が電子を放出して陽子に変わることがある。このときに飛び出す高エネルギーの電子が、ベータ線と呼ばれる放射線である。この電子が生物の細胞に当たると、染色体を傷つけ遺伝子の機能を狂わせるため、さまざまな障害を引き起こす。原子力発電を行った後の使用済み核燃料は、ベータ線を放出する放射能（放射線を放射する能力）を持つので、取り扱いに注意が必要となる。

安定性と多様性が両立する世界

安定な原子核は、簡単には壊れない。陽子・中性子を結合させる力は、電子を原子核の周囲に束縛する力よりも遥かに強い。このため、地表のように恒星周辺に比べて穏やかな環境に置かれた原子核は、ほとんど変化しない。炭素や酸素のような元素が自然に生じる核反応によって頻繁に別の元素に変わるならば、長期にわたって継続的に生命活動を維持するのが難しい。原子核が壊れにくいことは、人間を含むあらゆる生物が生きていく上で、きわめて重要である。

その一方で、自然は複雑に変化する多様性をも兼ね備えている。理由の一つが、原子核の周囲にある電子は弱い電気的相互作用で束縛されているため、小さなエネルギーで位置を変えることにある。電子の移動は化学変化をもたらす。地上には、炭素、酸素、窒素、リン、イオウ、ケイ素、鉄など数十種類の安定原子核が多量に存在しているが、これらが単結晶（特定の元素だけを含む結晶）しか形成しないのならば、世界は大して豊かではない。電子が位置を変えながら複雑な化学反応を引き起こし、場合によっては何百、何千という数の原子がつながって巨大な分子を形作る。安定な原子の種類は限られているが、原子が結合した分子の大きさに制限はない。原子核が安定なのに対して、弱い力で原子核に結びつけられた電子があちこちに動き回るので、世界の多様性が実現されるのである。

物質を形作る力には、安定な原子核を形作る核力と、さまざまな化学反応を可能にする電磁気力が存在する。なぜまったく異なる２つのタイプが存在するのか、その理由は必ずしもはっきりしない。場の量子論に基づく研究が50年近く続いているが、この世界に全部で何種類の力があるのか、それぞれの力の強さが大きく異なる理由は何か、確実なことはわかっていない。場の量子論は、場に生じる波動を考える理論だが、その方法論自体を改めなければならないのかもしれない。

ケーススタディ　「キログラム」の定義

質量の単位である「キログラム」は、統一的な度量衡を導入するために、18世紀末のフランスで「水１リットルの質量」として定義された。だが、この定義には曖昧さが残る。水の密度は温度と気圧によって変化するため、これらの量を先に定義しなければならないが、質量の単位が決まっていなければ、温度や気圧を厳密に定義できないからである。

1889年には、その質量によってキログラムを定義する白金イリジウム合金製のキログラム原器が作成された。この原器が、なんと130年にわたってキログラムの単位を決定するものとして利用された。しかし、金属製の原器は、表面に汚染物質を吸着することで年々質量が増加しており、1億分の1程度の不定性が存在する。これでは高精度な測定に支障を来すため、2019年から、国際度量衡総会の採択に基づいて新しい「キログラム」の定義が使われている。

ここで、物理学で用いられる単位や定数の定義を改めて考えておきたい。

単位の多くは、人間が便宜的に決めたものである。例えば、面積の単位として、「平方メートル」（これは、長さの単位メートルから誘導される）のほかに不動産業者が用いる「坪」があり、3.3平方メートルが1坪という関係になる。このとき、平方メートルを厳密に定義し、坪は換算係数を使って平方メートルから導くものとすると、3.3は換算のための誤差のない数となる。

物理学にも、人間が便宜的に決めた単位を換算するために、換算係数が必要になるケースがある。19世紀には、力学的な仕事と熱の関係が解明されておらず、「熱の仕事当量 J」という物理定数が必要だとされたが、現在では、仕事と熱はいずれもエネルギーの移動量を表すので、同じ単位を用いるべきだと判明した。熱量の単位として「カロリー」を用いた場合、これを「ジュール」というエネルギーの単位に換算するための係数 J は、坪を平方メートルに直すための3.3と同じく、物理的な意味のない単なる数である。

熱の仕事当量と同じように、かつては物理定数と思われながら、20世紀になって単位の換算係数にすぎないことが明らかになった量がある。最も重要なのが、光速度 c とプランク定数 h である。相対性理論によって、時間と空間は（熱と仕事の場合と同様に）同じ単位で表すべき量であることが明らかになった。時間の単位は地球の自転を基に、空間の単位は地球の子午線の長さを基に便宜的に決められたため、両者を換算する係数が必要になるが、これが光速度 c なのである。(3.17)式によってエネルギー E と質量 m が結びつけられたが、この式は、物理的には「質量とは内部に閉じ込められたエネルギーのことだ」という意味であり、c の２乗は、キログラムとジュールという便宜的に決められた単位を相互に換算するための係数でしかない。

また、量子論によって、時間とエネルギーが密接な関係にあり、それぞれの単位を別々には決められないことも明らかになった。(3.12)式はこのことを表す。エネルギーと時間の逆数（振動数 ν の単位は時間の逆数である）は、本来、同じ単位で表さなければならない。これらを便宜的に別の単位で表記したため、換算のための係数 h が必要になったのである。

こうした事情があるため、c と h は、どちらも誤差のない数として定義される。それぞれの数値は、さまざまな実験結果を総合して、次のように定められた。

$$c = 299792458[\mathrm{m/s}] \tag{3.19a}$$

$$h = 6.62607015 \times 10^{-34}[\mathrm{Js}] \tag{3.19b}$$

物理学で使用される量のうち、最も精密に測定できるのは、時間である。かつては、太陽が見かけの上で１周する期間を基に時間の単位が決められていたが、地球の自転はマントル対流の影響などで微妙に変化するため、1967 年に国際度量衡総会で新たな１秒の定義が採択された。それによると、１秒とは、特定の状態にあるセシウム原子が放出する光の周期の 9192631770 倍とされる。この数値は定義であって、誤差はない。

長さの単位である１メートルは、(3.19a)式の c を使って、「真空中の光が $1/c$ 秒間に進む長さ」と定義される。

質量そのものは、(3.12)式と(3.17)式に(3.19)式の c と h を当てはめることで、理論的に定義できる。具体的には、次のように言えばよい。

１キログラムは、振動数が c^2/h [Hz] の光量子のエネルギーと等価な質量である。

ただし、これでは理論的に単位を決めただけであって、巨視的な物体の質量を決定するのには使えない。実用的な基準を定めるためには、何らかの物理的なシ

※**10**　シリコン結晶は、立方体（**1** 辺の長さを a とする）の単位格子が、いくつも並んだ形をしている。この単位格子のシリコン原子のうち、立方体の頂点に位置する **8** 個は、それぞれが隣接する **8** つの格子に共有されているので、**1** つの単位格子に含まれる原子の個数は **1** 個である。正方形の面の中心にある **6** 個の原子は、隣り合う **2** つの格子に共有されており、単位格子あたりの原子数は **3** 個。さらに、格子内部に **4** 個のシリコン原子（図 **3-22** では、少し小さく描いておいた）が存在する。したがって、単位格子あたりのシリコン ➚

ステムをベースにする必要がある。そのために次のような手順が考案された。

まず、シュレディンガーの理論に基づいて求めたリュードベリ定数 R の値を利用して、水素原子のシステムと電子の質量を結びつける。(3.15) 式に記したように、R は、(3.19) 式で定義された c と h 、多くの実験により高い精度で求められている微細構造定数 α 、それに電子の質量 m で表される。したがって、逆に、電子の質量 m を、誤差のない数 c と h 、および、R と α の測定値を使って表すことができる。R はすでに定義されているメートルの逆数を単位とし、α は単位のない無次元量なので、単位の定義に悩む必要はない。α と R の測定値は、次の通り（いずれも…の部分に測定誤差がある）。

$$R = 1.0973731568\cdots \times 10^{7}[/\mathrm{m}]$$
$$\alpha = 7.2973525\cdots \times 10^{-3}$$

これで電子の質量が決まるが、まだ、1キログラムが電子何個分の質量かがわからないため、実用的な基準にはならない。

電子だけでは巨視的な物体は作れないので、原子と電子の質量比を決定する必要がある。原子と電子の質量比は、磁場を加えた領域に電場で加速したイオンや電子を入射し、ローレンツ力（第2章(2.13)式）によってどれだけ曲げられるかを測定すれば、求められる（詳しい説明は省略）。ケイ素原子と電子の質量比（以下では、$r[\mathrm{Si}/e]$ と記す）は、すでに9桁以上の精度で求められている。この値は、単位のない無次元量なので、質量の単位が定義されていなくてもかまわない。

原子に関する物理量を巨視的な物体の質量と結びつけるには、成長させた単結晶を用いる。よく利用されるのがケイ素（シリコン）の結晶で、陽子数14、中性子数14の原子核と電子から構成されたケイ素28の球状単結晶を作る。結晶中の不純物や表面の酸化膜によって質量に誤差が生じるため、その影響を可能な限り排除する。

ケイ素の結晶は、立方体の形状をした単位格子あたり8個のケイ素原子を含む（**図3-22**）[※10]。立方体の辺の長さ a は、電子線回折などの手法ですでに測定されている。レーザー光線を用いて球状ケイ素の半径を測定すると、ケイ

↘ 原子の総数は、**1 + 3 + 4 = 8** 個となる。

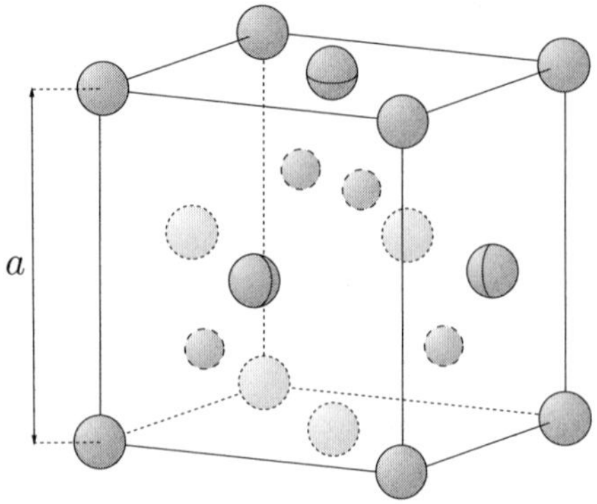

図3-22 シリコンの単位格子

素結晶の体積 V がわかる。

以上をまとめると、ケイ素結晶の質量 M が、次の式で与えられる。

$$M = \frac{2hR}{c\alpha^2} \cdot r[\mathrm{Si}/e] \cdot \frac{8V}{a^3}$$

右辺は3つの因子の積であり、順番に (1) (2) (3) と呼ぶことにすると、それぞれ次の量を表す。

(1) リュードベリ定数で与えられる電子の質量
(2) ケイ素原子と電子の質量比
(3) 単結晶ケイ素に含まれるケイ素原子数

このうち、(1) と (2)、および (3) の a は、すでに行われた実験や換算係数の定義によって、高い精度で数値が与えられている。そこで、成長させたケイ素28の単結晶について (3) の V を実験的に求めることにより、この結晶の質量 M が正確に求められる。直径10センチほどの球状のケイ素は、ほぼ1キログラムとなるので、この結晶が、(端数があるものの正確な質量が判明した) 実用的な原器として、さまざまな物体の質量を決めるのに利用できる。

コラム ボーア模型を教えるべきか

高校物理の教科書を見ると、原子物理に関しては、物理学的に正当とは言えない記述が少なくない。中でも許しがたいのは、ボーアの原子模型を使ったリュードベリ定数の導き方である。

科学史においてボーア模型の果たした役割がきわめて大きいことは、事実である。しかし、ボーア模型自体は、もはや誰もまともに相手しない歴史の遺物であり、これを使ったからといって、量子論に関する理解が進むわけではない。むしろ、学生の間に誤った考え方を広める危険が大きい。

ボーア模型は、「水素原子がなぜ瞬時に壊れないのか」という謎を解くために1913年にボーアが提案したもの。陽子の周囲を電子が円運動（ボーアは楕円運動と仮定したが、話を簡単にするために、軌道は円とする）を行うという前提の下で、電子がエネルギーを失うことなく同じ円軌道を維持し続けると考えた。このとき、何らかの制限によって特定の円軌道だけが許されるというアイデアを思いついたボーアは、観測データと一致するような制限を見つけるべく試行錯誤を続けていた。

教科書では、ボーアが

$$mrv = \frac{nh}{2\pi} \quad (n = 1, 2, 3 \cdots) \tag{3.20}$$

という制限を用いたと記される。m は電子の質量、r は円運動の半径、v は円運動の速度、h はプランク定数である。(3.20)式の制限の下で、電子が陽子からのクーロン力を受け、ニュートン力学に従って円運動を行うと仮定すると、電子の運動エネルギーと電気的な位置エネルギーの和が

$$E_n = -(\text{定数}) \times \frac{1}{n^2}$$

という形にまとまる。(定数) は電気素量 e や h、m などを使って表される。すでに得られていた e、h、m の測定値を使って計算すると、

(3.14)式のリュードベリ定数の理論的予測値が得られ、その値は実験値とほぼ一致する。

こうして、ボーアの原子模型は多くの物理学者に支持され、後の量子力学の礎となった—というのが、教科書に記される成功物語である。

しかし、残された彼の研究ノートを見ると、実際にボーアが行った推論は、これほどスマートではない。(3.20)式は、後になって提案されたものである。当初は、原子内部で(3.12)式に従う振動数 ν の振動が生じているというプランクのアイデアを基に、円運動の振動数（この場合は、周期の逆数）を ν として(3.12)式を適用した。この時期、アインシュタインの光量子論は誤りだと思われていたため、ボーアは、光のエネルギーが $h\nu$ になるという見方は採用していない。しかも、理論的予測がデータと一致するように、かなり恣意的に係数に 2 を付け加えるなど、怪しげな議論を重ねている。最終的に、リュードベリ定数と一致する数値を導けたのは、よく言って「幸運な偶然」なのである。

それでは、ボーアの原子模型は、物理学的な正当性が認められているシュレディンガーの理論と比べたとき、どのような関係にあるのだろうか？

シュレディンガーによる水素原子の理論は、電子の波が中心にある陽子の周囲に定在波を形成するというものである。(主) 量子数 n が 1, 2, 3 の場合、**図3-17** に描いたような、いくつもの波形があり得る。これに対して、ボーアの原子模型では、**図3-17** で、 $n=1$ の場合は議論せず、 $n=2$ の 2p、 $n=3$ の 3d の振る舞いだけを考える。

シュレディンガーが導いた方程式を解く際には、極座標を使うのが便利である。平面状の節に対して直交するように xy 面を選び、中心からの距離 r 、 z 軸に対する極角 θ 、 xy 面上に射影したときの x 軸に対する方位角 φ で位置を表すことにしよう。2p や 3d の定在波では、 xy 面における波形（電子の定在波において、振動する因子を除いたもの）のうち φ という方位角の座標に依存する部分は、

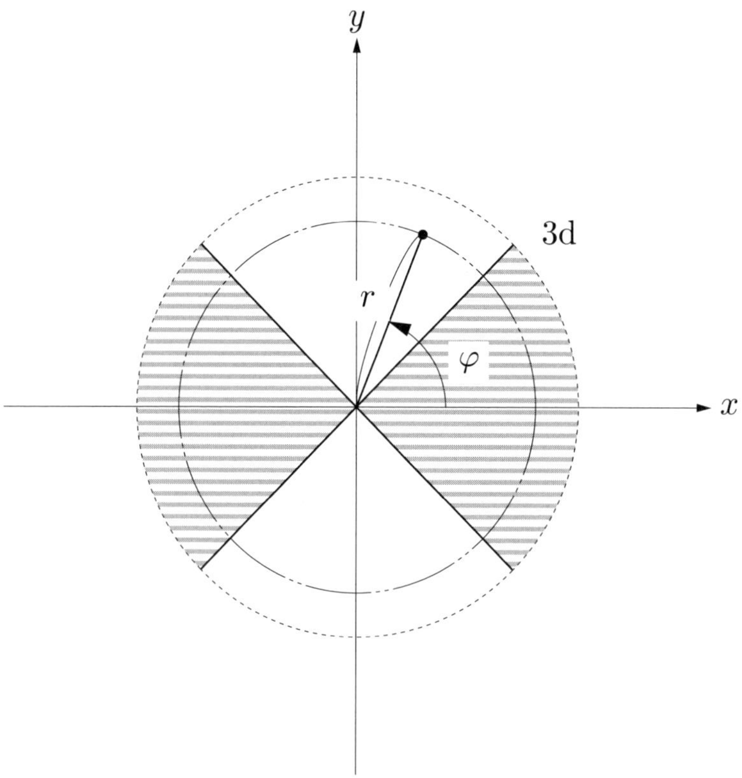

〈図 3-23〉 水素原子における 3d の定在波

$$f(\varphi) = \cos(n-1)\varphi \tag{3.21}$$

という関数で表される。**図3-23** に示した 3d の定在波の場合、原子核を中心とする円に沿った波形は、 $\cos(2\varphi)$ となって、円周上に三角関数で表される波が 2 波長分だけ存在する（図で影をつけた部分とつけていない部分が、変位の正負に対応する）。このとき、水素原子のエネルギーは、(3.14)式で $n = 3$ と置いた値となる。

教科書では、シュレディンガーの理論における円周（**図3-23** の二点鎖線）上の波形を取り上げ、ボーア模型に当てはめる。だが、実際の波は原子内部の全域に広がっており、円周上だけを考えても意味がない。しかも、量子数 n の値がシュレディンガーの理論とずれている。ボーア模型には、実際の水素原子でエネルギーが最低となる $n=1$ の状態が存在しないので、ずれたまま説明をすっぽかすしかないのである。

高校の教科書では、原子内部に定在波が形成されるという、物理学的に正当な議論は顧みられない。説明に使われるのは、(3.21)式の振る舞いを、あたかも円軌道に沿ってド＝ブロイの物質波が形成されたかのように記す、まがい物の議論である。少なくとも電子の運動に関して、ボーア模型は物理学的にまったく誤っていると言わざるを得ない。初等的な議論でリュードベリ定数を導けて便利なため、教科書にボーア模型が採用されたのだろうが、学生が誤解しかねない内容であり、掲載すべきではないだろう。

第4章

熱力学

統計力学への入り口

近代物理学はガリレオに始まると言ってよい。その理由は、彼が、自然界の階層性を的確に理解できたからである。第1章の放物運動の節で示したように、17世紀当時の実験技術でも、木の球と鉛の球では鉛の方が早く落下することがわかっていた。それでも、ガリレオは、あらゆる物体が同じ加速度で落下するという説を主張した。彼の考えによれば、現実の物体が等加速度という単純な落下法則に従わないのは、摩擦や空気抵抗が関与したせいである。これらを無視できるならば、あらゆる物体が同じ放物運動の式に従うはずだという。

ガリレオの主張は、「多くの構成要素が関与することに起因する擾乱要素がなければ、物理現象は単純な数式に従い予測が可能になる」というものである。近代物理学では、ガリレオ流の考え方が主流である。多くの物理学者は、あらゆる現象の根底に、明確な数式で表される基本法則があると信じている。しかし、通常の物質は数多くの要素から構成されているため、各部分が複雑に相互作用することで、単純さが失われてしまう。

それでは、構成要素があまりに多いシステムに対して、物理学は無力なのかと言うと、そうとは限らない。変形しにくい固体の動きを扱う場合は、結晶内での原子の変位を無視し剛体（まったく変形しない物体）だと仮定してニュートンの運動方程式を適用しても、大きな誤差は生じない。近似的にフックの法則に従う物体ならば、外力が加わったときの変形をコンピュータで数値計算することが可能であり、耐震設計などに利用される。摩擦や空気抵抗に関しては、経験的に成り立つ式、例えば、「動摩擦力は垂直抗力に比例し、運動速度によらない」というクーロンの摩擦法則を用いることもある。ただし、こうした経験則は、一般に有効な範囲が限られており、（ペーパーテストではなく）実地に応用する際には注意が必要である。

力を加えると大きく変形して元に戻らない固体や、乱流と呼ばれる乱れた流れが生じた液体・気体に関しては、数式だけで現象を記述するのが難しい。航空機の設計の際には、コンピュータで気流の計算を行うが、最終的には、模型を作って風洞実験を行わないと、安全性が確保できない。泥水のような固体と液体が入り交じったケースになると、理論的な解析はほぼ不可能となる。どのくらい雨が降ると土砂崩れが起きるかといった実用的な課題に対して物理学があまり役に立たないのは、そのせいである。

きわめて多数の構成要素からなる対象を物理学で扱うには、どのような方法が可能なのか？ 本章では、気体分子運動論を中心とする熱力学を、その例として取り上げたい。

気体は、膨大な数の分子が飛び回っている状態である。気体について厳密な理論を作るには、分子同士の相互作用を考慮しなければならないはずである。しかし、実際には、分子間力は粘性や乱流をもたらすので理論的な解析が難しい。そこで、物理学者は、現実には存在しない仮想的なモデルとして、分子間力のない「理想気体」を考案した。気体分子運動論の大部分は、容器に封入し一様な状態になった理想気体を用いて議論される。

現実に存在しないモデルを用いて議論することに、はたして意味があるのか、疑問に思う人もいるだろう。そこで、本章では、3つの段階に分けて、なぜ理想気体の分子運動論が重要かを示したい。

まず4-1節で、分子間力を無視せずに気体の運動を扱おうとすると、いかに議論が錯綜するかを説明する。この節では、大学で学ぶ流体力学を取り上げるが、そのややこしさを見れば、なぜ19世紀の科学者が分子間力を無視する近似を採用したかがわかるだろう。

続く4-2節は、気体分子運動論からボイル＝シャルルの法則などが導けることを示すもので、高校で教えられる内容そのものである。重要なのは、高校物理を少し逸脱した4-3節であり、分子間力を無視した理想気体を基に導かれた速度分布が、統計力学という新たな分野を切り開いたことを述べる。分子間力を無視するという非現実的にも思える理想化は、実は、物事の本質を明らかにするために必要な方法論だったのである。

4-1 流体内の物体の運動

「多くの構成要素が相互に作用し合って複雑さを生み出す」ことは、流体の振る舞いを見ればわかるだろう。

流体とは、液体や気体など、ある部分に力を加えると際限なく動いていくような、流動性のある物質を指す。こうした流動性は、物質を構成する分子※1同士の位置関係が、結晶のように固定されていないために生じる。微量の固体成分を含むもの（氷の融点よりわずかに温度の高い水の中には、部分的に氷の結晶ができている）や、ガラスのように固体と液体の境界がはっきりしないものもあるが、ここではそうした特殊な流体は考えない。常温の水や空気のように、日常的に目にする液体・気体をイメージしていただきたい。

ストークスの法則

流体内部を運動する小物体には、流体からの抵抗が作用する。抵抗の大きさを表す一般的な公式は存在しないが、教科書などには、ストークスの法則が記されることがある。

ストークスの法則とは、粘性が比較的大きい液体内部を小さな球体が運動するときの抵抗の大きさに関する法則である（ストークスの名を冠した法則は他にもあるので、区別する場合は「ストークスの抵抗法則」と呼ぶ）。液体の粘性係数（粘り気の大きさを表す数値）を η 、球体の運動速度を u 、球体の半径を a とすると、抵抗 F は次式で表される（ π は円周率）。

$$F = 6\pi\eta ua \tag{4.1}$$

読者の中には、(4.1)式を公式として暗記した人がいるかもしれないが、記憶に値するほどの厳密さも一般性もない。ただし、なぜこの式が近似的に成り立つかを考えることは、物理学を学習する上で有用である。

(4.1)式の特徴は、抵抗の大きさが速度 u と球体半径 a の１乗に比例することである。なぜ２乗ではなく１乗なのか―公式として覚える前に、こうした点を気にしてほしい。

※1　仮に分子と書いたが、熱したガラスのように原子間の結合力が相対的に弱まって流動化したものや、水銀のように金属イオンと電子が混ざったものなど、さまざまなケースがあり、原子のスケールで見たときの流体の構造は、かなり複雑である。

そもそも、流体—イメージしやすいように、以下では水とする—の中を運動する物体に作用する抵抗とは何なのだろう？ ちょっと考えると、進路を塞ぐものを押しのける力の反作用だと思われるかもしれない。しかし、(4.1)式は、この考えに合致しない。

半径 a の球体が前方にある水を押しのけながら速度 u で前進する場合、どれだけの力で水を押せばよいのか。大ざっぱな見積もりをするだけなので、水中には水分子が静止しており、運動物体と接触すると、一定の力が加わって速度 u になるまで等加速度運動するという粗っぽい近似で議論しよう。

1個の分子を静止状態から速度 u まで一定時間内に加速するときの加速度は、u に比例する。一方、u が大きくなると、それに比例して物体に接触する分子の個数も増えるので、押しのけなければならない質量も u に比例する。したがって、前方に静止する水を押しのけて進む際に受ける力は、一般に u の2乗に比例するはずである。

また、押しのける質量は、前進する物体の断面積に応じて増加するので、抵抗は a の2乗に比例する。

こうした議論からわかるように、前方の水を押しのける力の反作用として生じる抵抗（前方で静止する流体を押して動かすときに生じる抵抗なので、「慣性抵抗」という）ならば、(4.1)式のように半径 a や速度 u の1乗に比例するのはおかしい。ということは、ストークスの法則に従う抵抗は、慣性抵抗とは別種の力なのである。

(4.1)式の抵抗はどのようにして生じたのか？ 実は、この力は、水分子の間に働く分子間力から生まれたものである。水の中を小球が運動するときの水流をイメージするのは難しいので、小球は静止しており、そこから充分に離れた地点では水全体が一定の速さ u で流れる場合を考えよう（**図4-1**；図中に記した「流線」とは、ある瞬間に流体の各部分がどのように動いているかを表す曲線のこと）。静止した小球の周囲でのみ、流速の大きさと向きが遠方と異なるものとする。

流体が静止しているならば、分子間力の存在は表に現れない。しかし、場所によって流速が異なると、速度の差に応じて分子が相互に近づいたり遠ざかっ

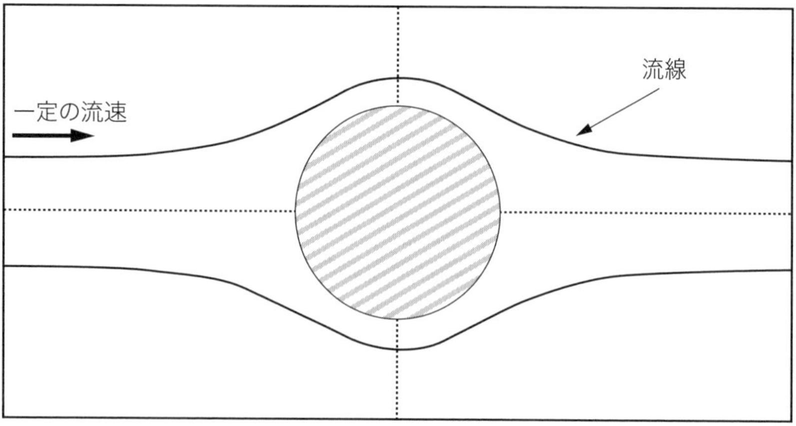

図 4-1　球体の周囲の流れ

たりするので、周囲と速度の異なる部分に分子間力の作用が現れる。これが、「粘性」と呼ばれる性質であり、周囲の流れに引きずられる効果となる。小球の周囲では、ごく近傍の水は小球表面に吸着されるために動かないが、少し離れると、遠方の水の流れに引きずられて流速が変化するため、粘性による力が発生する。場所による流速の差は、一般に遠方での一定の流速 u に比例して変化するので、粘性による力は u の 1 乗に比例する※2。

ストークスの法則は、粘性のみによって生じる「粘性抵抗」がどうなるかを与えるものであり、流体内部で運動する物体一般に適用することはできない。

粘性抵抗と慣性抵抗

流体中の運動物体に作用する抵抗がストークスの法則(4.1)に従うためには、慣性抵抗が粘性抵抗に比べて充分に小さくなければならない。そのための条件は、どのようなものだろうか？

一般的に言って、物体の大きさや運動速度、流体の密度などが小さく、粘性係数が大きいことが条件となる※3。逆に、こうした条件が満たされないときには、慣性抵抗が粘性抵抗に比べて無視できず、ストークスの法則は成り立たない。

※**2**　粘性力が小球の半径 a の **1** 乗に比例する理由を説明するのは、少し厄介である。大学の物理学では、次元解析という方法を用いる。物理量には必ず単位があり、方程式の各項で単位を揃える必要があるが、理論に含まれる定数の単位をもとに、方程式の解が定数をどのような組み合わせになるかを導くのが、次元解析である。小球に作用する粘性力に関する次元解析を行うと、（いくつかの仮定の下で）半径 a の **1** 乗に比例するという結果が導かれる。

ストークスの法則が使えるのは、粘性が比較的大きな液体中で微粒子がゆっくりと運動するようなケースである。粘性係数 η は、流体の性質を表す重要な物理量なので、さまざまな液体でその値を測定する必要がある。その際に、金属微粒子を沈降させ、最終的な速度の値と(4.1)式を組み合わせて η を求めるのが一般的な手法である。実用的な測定に応用されることから、教科書でしばしば(4.1)式が紹介されるのであって、(4.1)式が普遍的だったり物理学的に重要だったりするわけではない。

◆◆◆◆◆

慣性抵抗が大きいときには、ストークスの法則に代わる別の法則が成り立ちそうだが、これを数式で表すのは難しい。

流体力学には、「ダランベールのパラドクス」と呼ばれる有名な謎がある。粘性が無視できる流体の場合、流れが至る所でスムーズで流速が不規則に変動しないならば、理論的には、慣性抵抗は消滅し物体は流体内部で抵抗なく等速度運動することが導かれる。実際には、粘性が小さい流体でも抵抗はなくならないのだから、どこかで議論を間違えたはずである。実は、「流れが至る所でスムーズ」「流速が不規則に変動しない」という条件が満たされないのである。

流体の運動方程式を調べると、流体が球体表面に沿ってスムーズに進み、背後の対蹠点にまで到達するような流れは、安定でないことがわかる。背後に回り込んだ流れは、どこかで表面からはがれてしまい、その先では、フラフラと不規則な動きとなる。これが乱流である（**図4-2**）。粘性のない流体で乱流が発生しなければ、前方からの圧力と後方からの圧力が等しくなって、抵抗は消滅する。しかし、現実には背後で不可避的に乱流が発生し、そのせいで後方からの圧力が減少して前方からの圧力と差が生じるため、結果的に慣性抵抗が生まれる。

このように、慣性抵抗が生まれるメカニズムは複雑なので、簡単な法則には従わない。特に、小球以外の一般的な形状をした物体の場合、慣性抵抗の計算は複雑になる。

図4-3 の（1）と（2）という2つの形状を持つ物体が、一定の流れを持つ流体中に置かれていたとしよう。流体から受ける慣性抵抗はどちらの物体が大き

※**3**　章末の後注＊**3** 参照。

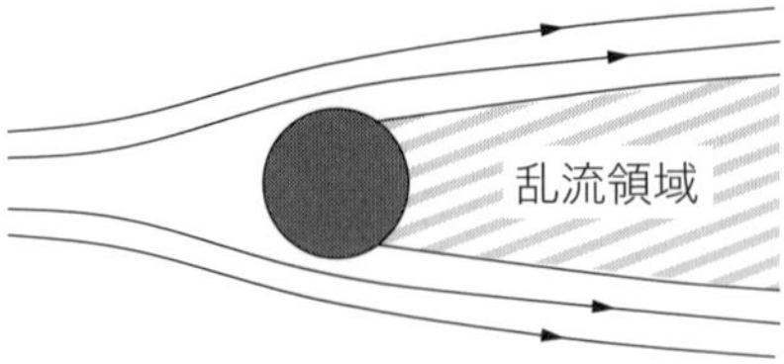

〈図 4-2〉 乱流の発生

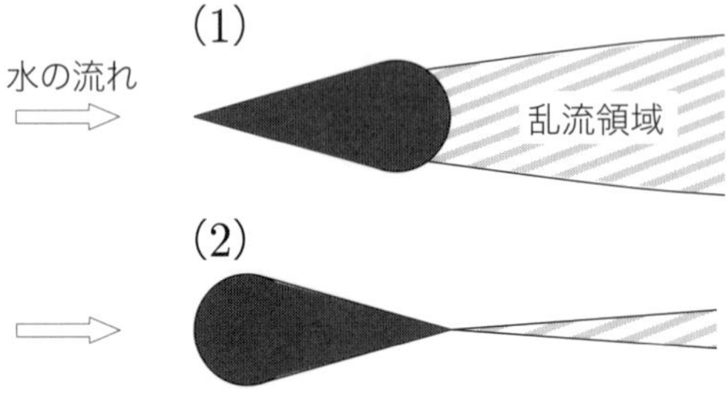

〈図 4-3〉 物体の形状と乱流

くなるのか。素朴に考えると、流体を切り裂くように見えるので、(1) の方が抵抗が小さく感じられるかもしれない。しかし、実際には、(2) の方が抵抗はずっと小さい。

その理由は、(2) の物体では、その形状から背後に回り込んだ流れが表面からはがれにくく、最後尾の尖った部分だけからはがれるため、乱流の発生が抑えられるからである。乱流が発生しないと、背後に回り込んだ流れが後ろから押す圧力を生み出すため、ダランベールのパラドクスの通り抵抗は消滅する。(2) のように、先端が丸まって滑らかな流れを作り、後部で先がすぼまっていくような形状が「流線型」であり、慣性抵抗が小さくなる。

ケーススタディ スポーツ選手が受ける抵抗

ストークスの法則が適用できるのは小さな物体がゆっくりと運動し、周囲の水流が滑らかな場合である。水泳選手が泳ぐときには、この条件が満たされないので、ストークスの法則は成り立たない。

水泳選手が受ける抵抗は、主に慣性抵抗である（これ以外に、体表面で発生する摩擦抵抗や、波の発生に伴って反作用を受ける造波抵抗がある）。慣性抵抗は、出っ張った部分の後方で乱流が生じ前方での圧力と差が生じるために生まれる。したがって、泳ぐ際の慣性抵抗を小さくするためには、できるだけ出っ張りを減らし、身体を流線型に近づけるのが好ましい。

2008年の北京オリンピックで、イギリスのメーカーが開発した競泳用水着レーザーレーサーを着用した選手が次々と驚異的な世界新記録を連発し、大きなニュースとなった。この水着の特徴は、身体を強く締め付けることによって体型そのものを変えてしまう点にある（縫い目をなくして摩擦抵抗を減らす工夫もあった）。従来の競泳用水着は、縫製や素材を工夫して摩擦抵抗を減らしてはいたが、選手の動きやすさを重視してあまり強く締め付けないように作られていた。一方、レーザーレーサーは、逆に強い締め付けによって凹凸を減らし、身体を強制的に流線型にすることで抵抗を小さくした。開発した会社は、世界的なスイマー400人の体型データを集めるとともにアメリカ航空宇宙局の協力を得て水槽での実験を繰り返し、抵抗を大幅に低減する水着の開発に成功したという。プレス発表によると、レーザーレーサーは従前の水着より抵抗が5%少ないという。

これに対して、2010年に国際水泳連盟は、水着の生地や加工方法、体表を覆う範囲を制限する決定を下し、公式大会でレーザーレーサーを含むいくつかの「新型水着」の使用を禁止した。

抵抗対策が重要になるスポーツには、ほかにも、自転車やスピードスケートがある。2018年の平昌オリンピックでは、スピードスケート女子パシュート（団体追い抜き）で日本チームが金メダルを獲得したが、その陰には、日本スケート連盟科学班のスタッフによる抵抗対策があった。

科学班が、風洞実験によって空気抵抗と隊形の関係を調べたところ、「後続選手が左右に40センチずれるだけで大幅に抵抗が増す」「選手間の距離が1.3メートルほど開いても、左右のずれが小さければ抵抗はあまり増えない」などのデータが得られた。オリンピックで3人の日本選手が、ほとんどブレのない滑りを見せたのは、このデータに基づいて、隊形を整える練習を繰り返したからである。

理想化という手法

流体中で物体が受ける抵抗に関しては、理論的に扱いきれないほど複雑な現象が起きる。これは、流体のように全体を構成する無数の部分が別々に動くシステムの場合、部分同士の相互作用が複雑に絡み合うからである。分子間力が作用すると、粘性によって流速の違いに起因する力が発生する。全ての地点で流速を求めなければ、物体に働く粘性抵抗は求めようがない。

物体表面を通過する流れがあるときには、流れが表面からはがれる際に乱流が発生する。乱流領域で流れは不安定になり、常に向きや大きさを変えるため、理論化することはきわめて難しい。スーパーコンピュータを使って計算しても、その予測がどこまで信頼できるかははっきりしない。水泳選手に作用する水の抵抗は、慣性抵抗だけなら理論的に速度の2乗に比例するはずだが、巨大水槽を用いて実験したところ、実際には3乗に近い値になったという。

物理学理論は、決して万能なツールではなく、適用範囲が制限されていると心得るべきである。ストークスの法則のように、たとえ教科書に公式が載っていたとしても、頭から信じるのではなく、適用範囲がどこまでかを注意した方がよい。

その一方で、物理学が自然界の基本法則を明らかにする力を持っていることも、また事実である。物理学者が用いる手法は、ガリレオが放物運動を考察した場合と本質的に同じである。まず、放物運動における空気抵抗のような、現象を複雑なものにする擾乱要素を仮想的に取り除く。こうすると、単純な式で表される基本法則があらわになると期待される。

ただし、基本法則だけでは、実際に起きる現象を記述しきれない。多数の部分が関与する複雑な過程は、方程式を解いて現象を予測することが困難である。物理学というと、基本法則から出発して演繹的に議論を進めるという印象があるかもしれないが、現実の物理学はそうではない。ストークスの法則のように特定の条件下で近似的に成り立つ式や、観測から得られた経験的な式など、適用するシステムの状況に応じて、あまり厳密でない式をパッチワークのように組み合わせながら課題を解決するのがふつうである。

高校物理の範囲で、「まず擾乱要素を取り除く」という物理学の方法論がはっきり現れるのは、放物運動と理想気体の理論である。放物運動はすでに第1章で紹介したので、次節では、理想気体について見ていくことにしよう。

4-2 気体分子運動論

役に立つのか疑問に感じる人が少なくない高校物理の中でも、理想気体の分子運動論は、原子物理とともに、「試験に出るから仕方なく勉強する」と見なされる項目だろう。しかし、気体分子運動論こそ、物理学の方法論が最も見事に花開いた分野なのであり、これを勉強することは、物理学とは何かを学ぶ上で最良の経験となるはずである。残念ながら、気体分子運動論の核心とも言えるマクスウェルの速度分布論については、高校物理の範囲を逸脱するため簡単に紹介することしかできないが、それでも、近代物理学がどのように自然の謎に挑戦したかを理解する手がかりになるだろう。

気体分子というアイデア

気体分子運動論とは、「気体とは分子が（ほぼ）自由に飛び回っている状態だ」という前提で作られた理論である。気体は空間を稠密に埋め尽くす連続的な物質だという古代社会の通念から、実は隙間だらけのスカスカな状態だと認識されるまでには、ここでは紹介しきれない多くの紆余曲折があった。

物質が原子から構成されているという主張は古代からあったが、その多くは単なる思弁であり、明確な根拠に基づくものではなかった。原子論を支持するデータが得られたのは、化学反応に関与する物質の量がかなり正確に測定できるようになってからである。

もし、アリストテレスの言うように、連続的に広がった土や水のエレメントが混じり合って物質を形作っているのならば、その構成要素の割合は任意の値になりそうである。しかし、精製技術が向上すると、純粋な物質同士を反応させて単一の化合物を作る場合、それぞれの物質の質量が一定の整数比になることがわかってきた。

例えば、酸素と水素を化学反応させて水を作る場合、反応のプロセスがどのようなものであっても、反応した酸素と水素、生成された水の質量比は、8:1:9になる※4。こうした性質は、

1. 物質の根源的構成要素は、互いに整数比となる質量を持つ原子である
2. 化合物は、複数の原子が結合してできた分子から構成される

と考えると、簡単に理解できる。

第3章に記した原子の知見を用いて、酸素と水素から水を作るケースを説明しよう。酸素の原子核は、陽子8個と中性子8個から構成される（中性子の個数が8個でない同位体は、自然界には少ない）。陽子と中性子の質量の差は小さく、また、陽子・中性子の質量によるエネルギー（第3章(3.17)式で与えられるエネルギー）に比べると、結合エネルギーや電子の質量エネルギーは充分に小さいので、酸素原子1個の質量は、原子核が1個の陽子である水素原子のほぼ16倍となる。

化学反応の前後における酸素・水素・水の質量比が（16:1:17ではなく）8:1:9になることは、水分子は酸素原子と水素原子が1:2の割合で結合したものだと仮定すれば説明がつく。実際には、酸素分子は酸素原子2個、水素分子は水素原子2個、水分子は酸素原子1個と水素原子2個が結合した状態であり、酸素分子と水素分子の化学反応によって水分子が作られる（**図4-4**）。

このように、化学反応の実験結果に基づいて、原子から分子が構成され、分子が集まって物質になるという物質観が生まれた。

現実には、分子から構成されるのではない物質も多い。固体は、共有結合やイオン結合によって原子が規則正しく配列した結晶から構成されるのが一般的である。ガラスのように原子が不規則に結合したアモルファスと呼ばれる固体や、硬質プラスチックのように複数の分子が重合し固まっているケースもある。

※**4**　ここでは、わかりやすいように酸素と水素を持ち出したが、純粋な酸素と水素を反応させると爆発するので、この**2**つの物質を用いた実験は現実的でない。**18**世紀に実際に行われたのは、固体や液体の化学反応をもとにした測定である。ただし、実験によく用いられた物質には、銅や塩素のように質量数（原子核に含まれる陽子と中性子の個数の和）が異なる同位体が混じるせいで質量比が整数にならないケースがあり、解釈が混乱していた。

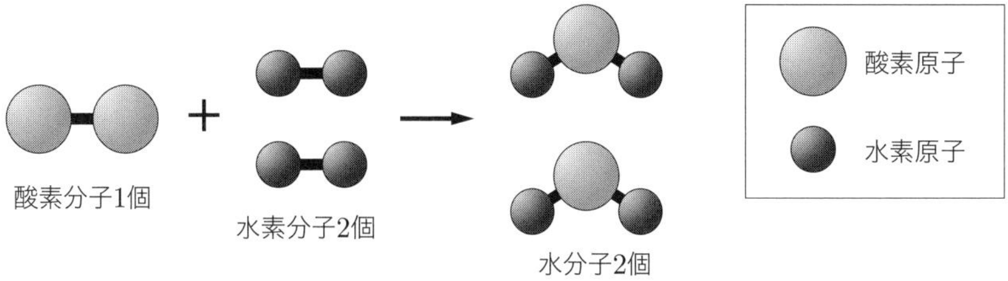

図4-4 水分子の生成

液体や気体は、特殊なケース（流動性を持つアモルファスのような）を別にすると、分子（単独の原子を含む）から構成される。

液体は、分子間力によって分子が凝縮しており、容器に入れると気体のように全域に拡散することなく、ほぼ一定の密度の凝縮状態を保つ。分子間力が液体の特性を左右するため、その物性を理論的に解明するのは、現在でもかなり難しい。ストークスの法則のような単純な法則であっても、数式を使って起源を説明するにはかなり手こずる。

一方、気体の分子間力は弱く、物理的な性質の多くは分子間力を無視した近似の範囲で説明できる。分子間力を完全に無視すると、すべての気体分子がバラバラに運動するだけであり、粘性のような複雑さをもたらす性質は存在しない。このため、物質の性質を議論する出発点としては、固体や液体は避けて、分子間力のない（加えて、分子の大きさもゼロとした）「理想気体」を取り上げるのが好ましい。

粘性のない気体は現実には存在しないので、理想気体について議論するのは無意味だと考える人がいるかもしれないが、そうではない。ガリレオが摩擦や空気抵抗を無視することで単純な数式に従う放物運動を見出し、そこから慣性の法則という近代物理学の根幹となる基礎法則を導いたように、**理想気体の分子運動論は、問題をいたずらに複雑化する要因を切り捨てたことで、熱や温度の本質を明らかにする統計力学への道を切り拓いた**のである。

ボイル＝シャルルの法則

気体を理論的に扱う場合、温度のムラや気流があると、考えるべき要素が多すぎて単純な数式で表せなくなる。このため、本質を解明するには、流れが生じないようにシリンダーなどの容器に封入し、密度や圧力に場所による揺らぎがない一様状態になった気体を対象とする。

一様な気体の状態は、いくつかの物理量を指定することで定まる。

量　：力学では質量を考えるのが一般的だが、実験で使う気体は質量を測定するのが難しいので、後で記すように、分子の個数 N ないしモル数 n で量を表す。

体積 V ：気体は容器内部に一様に拡散する性質があるので、気体の体積は容器の容積に等しい。

圧力 P ：気体内部の面に垂直に作用する単位面積あたりの力。一様な気体の場合、圧力は場所によらず一定の値となる。封入され動きのない気体では、面に平行な摩擦力は生じない。

温度 T ：今の段階では定義を述べず、温度計で示される量とのみ言っておく。温度の厳密な定義は、統計力学によって与えられる。

容器に封入された気体ならば、これらのうち量は一定に保たれる。一方、体積・圧力・温度は、加熱・冷却や圧縮・膨張などによって変化するので、状態量と呼ばれる。

状態量の関係を表す法則として、17世紀にボイルによって発見されたのが、ボイルの法則である。これは、容器に封入された一定量の気体は、温度が同じとき、圧力と体積が反比例するというものである（気体の状態を変化させるとき、常に温度を一定に保つ必要はなく、変化後に温度を調節して元の温度と同じにしてから、圧力・体積を測定してかまわない）。ある温度での圧力を P 、体積を V とすると、ボイルの法則は次式で表される：

$$PV = (\text{温度だけの関数})$$

（温度だけの関数）と記したのは、封入された気体の温度が同じならば同じ値になる数で、気体の種類や量にどのように依存するかは、17世紀の時点ではわからなかった（**図4-5**）。

ボイルの法則は、どんな範囲でも成り立つ厳密な法則ではない。もし厳密に成り立つならば、圧力を大きくすると気体はどこまでも圧縮されるはずだが、実際には、ある段階で（水蒸気が水になるように）凝縮して液体や固体になる。

封入された気体の温度が変化したときに体積や圧力がどうなるかは、正確な温度計がなかったために測定が難しかったが、18世紀になると、水銀を用いた液柱温度計など精度の高い温度計が発明され、さまざまな実験が行われた。18世紀後半には、シャルルをはじめとする何人かの科学者によってシャルルの法則が発見される。これは、圧力が一定のとき、気体の体積は温度の一次関数になるというもの。1気圧での水の融点を0、沸点を100とし、その間は液柱温度計の示す値を百等分して決めたセルシウス温度（摂氏温度）を t［℃］で表すと、シャルルの法則は次式で表される：

$$V = (t + C) \times (\text{圧力だけの関数})$$

ここで重要なのは、一次関数 $t + C$ に含まれる定数 C が気体の種類や量によらず、一定値273（正確には273.15）になることである。シャルルの法則は厳密なものではなく、あくまで実験を行った範囲・精度での近似的な法則だが、仮に厳密だとすると、摂氏温度で零下273℃に達したとき、すべての気体は体積がゼロになる（**図4-6**）。

気体の体積がゼロになることはありそうもないので、零下273℃が自然界における最低温度であり、この温度には決して到達できないと考えられる。そこで、零下273℃を温度の原点（0度）とし、温度目盛りの間隔が摂氏温度と等しくなるように選んだ温度を、絶対温度と呼ぶことが提案された。絶対温度は単位がケルヴィン度［K］で表され、摂氏温度 t［℃］と次の式で結ばれる。

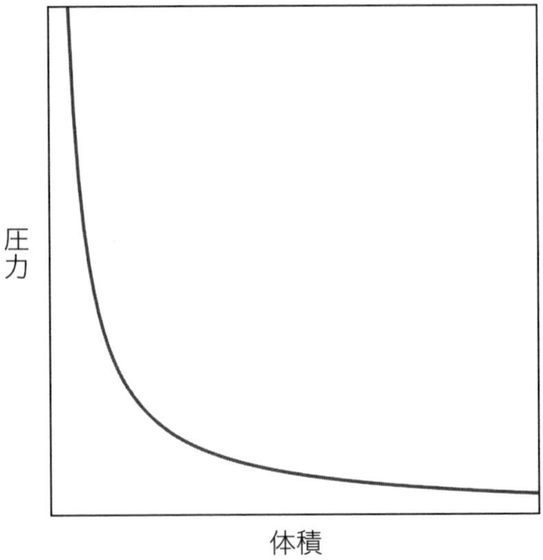

図 4-5　ボイルの法則

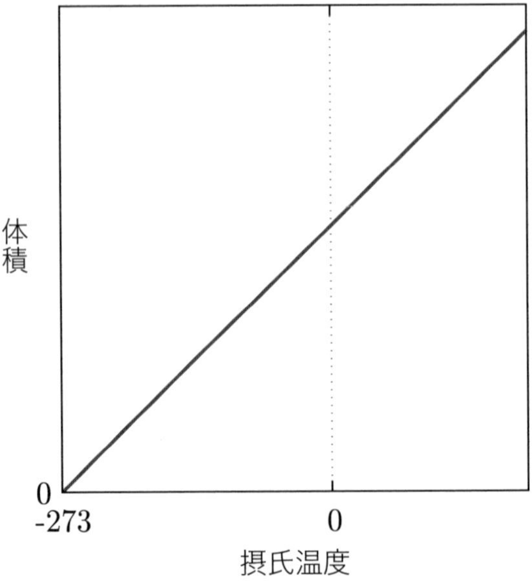

図 4-6　シャルルの法則

$$T[\mathrm{K}] = t[℃] + 273$$

絶対温度 T を用いると、シャルルの法則は、

$$V = T \times (\text{圧力だけの関数})$$

となる。

ボイルの法則とシャルルの法則を組み合わせると、容器中に封入された気体の関係式として、

$$PV \propto T \quad (\propto \text{は比例することを表す}) \tag{4.2}$$

が成り立つと予想される。これを、ボイル=シャルルの法則という。比例係数は、式の形から気体の量に依存すると考えられ、19 世紀初頭には、アボガドロが、分子数が等しければ気体の種類によらず同じ係数になるはずだという法則（アボガドロの法則）を提唱したが、理論的に導出することはできなかった（気体分子運動論から得られる結果は(4.10)式で示す）。

理想気体の分子運動

気体分子運動論によってボイル=シャルルの法則がどのように解釈されるか、議論を進めていこう。まず、多原子分子（複数の原子が結合した分子）が行う回転や振動を無視して、分子が 3 次元空間内部を動き回る運動だけを考える。こうした運動は、並進と呼ばれる。

気体分子運動論が答えなければならないのは、並進運動を行っている分子が容器壁などの面に衝突したとき、どんな力を及ぼすかである。1 個 1 個の分子の質量がある程度大きければ、それぞれがぶつかるときの衝撃を識別することができる。だが、分子の質量はきわめて小さく、また、無数の分子が短時間のうちに次々とぶつかってくるので、これらを区別することはできない。

空気の場合、含まれる酸素分子 1 個の質量は 0.5 グラムの 1000 億分の 1 の 1000 億分の 1、窒素分子はそれより少し軽い。常温（絶対温度で 300K 程度）では、ぶつかってくるときの平均速度は秒速 500 メートル前後とかなり

大きいものの、個々の分子が軽いので、ぶつかったときに作用する力はきわめて小さい。常温1気圧の気体を1辺10センチ（容積1リットル）の立方体容器に封入した場合、そんな小さな力の衝突が、1秒間に1万回の1000億倍の1000億倍も起きる（数値は有効数字1桁程度の見積もり）。このため、個々の衝突は識別できず、面全体に一定の力が持続的に加わり続けるように見える。これが、気体の圧力であり、その大きさを評価することが、気体分子運動論を展開する上で、最初のステップとなる。

分子の衝突による力

議論の出発点として、単原子分子理想気体の分子が容器壁に衝突するときの力を、単純なモデルをもとに計算してみたい。単原子分子気体とは、1個の原子が飛び回っている気体で、気体分子運動論では、この1個の原子も分子と呼ぶ。単原子分子気体としては、ヘリウムのような不活性ガス※5が知られている。

重力が作用する場合、気体分子は低いところに集まる。この性質は、高山では空気が薄くなるといった形で観測される。しかし、地上数十メートル程度の範囲では、高度による密度の差はわずかであり、重力の影響は無視してかまわない。

1種類の気体分子が封入された容器を考えよう。衝突の際に容器を構成する原子と気体分子の間でエネルギーがやりとりされるため、容器壁に衝突した後の気体分子の速度は、衝突前より速かったり遅かったりする。しかし、こうした速度変化を理論的に扱うのは難しいので、最初のステップとして、気体分子と容器壁の間でエネルギーのやりとりはないと仮定する。容器壁は固定されており、気体分子は、衝突によって運動の向きは変わるが速さ（速度の絶対値）は変わらない。こうした衝突は弾性衝突と呼ばれ、気体分子が持つ運動エネルギーは衝突前後で等しい。

数式を簡単にするため、まず、一次元的な運動しかない場合を取り上げる。こうした簡単化によって議論の方向性を見定めた上で、段階的に現実に近づけていくというのが、物理学でよく使われる方法論である。

※5 化学反応をほとんど起こさないガスの総称で、ほかにネオン・アルゴン・クリプトン・キセノンなどがある。単原子分子気体に限定する場合は、貴ガス（英語の**noble gas**の直訳）あるいは希ガス（**rare gas**）と呼ぶこともある。

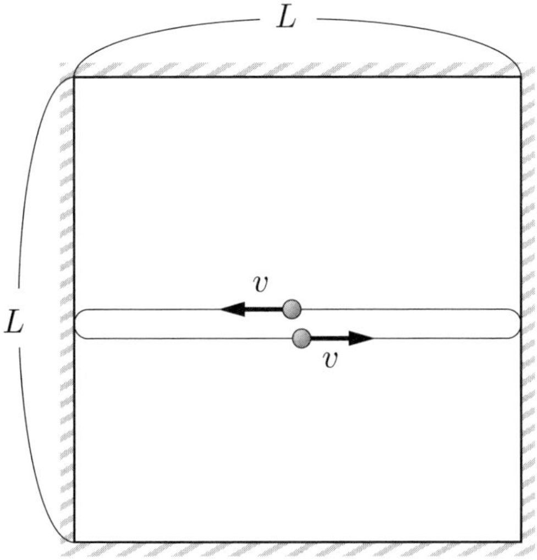

図4-7 往復運動する気体分子

1辺の長さが L の立方体の容器内部に、気体分子が1個封入されているとする。気体分子は、ある1辺に平行な方向にだけ運動しており、面との衝突はすべて弾性衝突だと仮定すると、衝突によって、分子は速さを変えずに運動の向きが反転する。その結果、立方体容器の向かい合った2つの壁面の間を、同じ速さで往復運動をする（**図4-7**）。この速さを v としよう。

容器壁の原子は電荷を持つ原子核と電子から構成されるので、気体分子が接近すると、電気的な力を及ぼす（第2章2-1節）。この力は、分子が容器壁に近接したごく短い時間 ΔT にだけ作用する。もし、容器壁表面近くのきわめて短い距離に一定の電場が存在するのならば、気体分子が受ける力 f は一定の値となり、分子の運動は、第1章1-1節で述べた等加速度運動となる。分子の質量を m とすると、加速度の大きさは運動方程式から f/m に等しい。この加速度によって、衝突する期間の半分に当たる時間 $\Delta T/2$ の間に速度が0から v に変化するのだから、(1.1)式の等加速度運動に従って、

$$(f/m)\,\Delta T/2 = v$$

となる。これを書き換えれば、次式を得る。

$$f\Delta T = 2mv \tag{4.3}$$

力学では、ある物体が持つ質量と速度の積を運動量、力と作用する時間の積を力積という。(4.3) 式は、運動量の変化（ mv から $-mv$ への変化なので $2mv$ ）が力積に等しいという一般的な力学法則を表している※6。

気体分子が面の間を往復するのに要する時間は、道のりが $2L$ なので $2L/v$ 秒である。1 個の分子が繰り返し衝突すると、容器壁には断続的に力が作用するが、衝突回数が多いので、平均して一定の力が加わると考えよう。これは、**図4-8** のように、分子が容器壁に接する時間 ΔT の間だけ大きな力 f が加わる過程を、一定の力が加わるものとして均したことに相当する（物理学的に厳密な言い方をすると、力積の値が同じになるように、断続的な力を持続的な力に置き換えた）。容器壁と接触している時間 ΔT が、衝突が起きる時間間隔 $2L/v$ に比べて充分に短いとすると、力の時間平均（ f にバーを付けて表す）は次式で与えられる：

$$\overline{f} = \frac{f\Delta T}{(2L/v)} = \frac{mv^2}{L}$$

この式は、1 個の分子による力を表す。実際には、**図4-9** のように、多数の（標準的な状態ならば個数が 20 桁以上にもなる）分子が異なる速度で往復運動をしているはずである。容器壁に作用する力 F を得るには、こうした分子すべての寄与を足し合わせなければならない。気体は 1 種類だとし、どの分子でも質量は等しいと仮定しよう（複数種類の気体を封入した場合は、それぞれの気体分子からの力を別々に扱い、各気体による「分圧」を求めることになる）。全部で N 個の分子をすべてナンバリングできたとして、各分子の番号を添え字で表すと、容器壁に加わる力 F は次式で与えられる：

$$F = \frac{1}{L}\sum_{i=1}^{N} mv_i^2 = \frac{N}{L}m\left\langle v^2 \right\rangle$$

ただし、$\langle \quad \rangle$ で囲んだ部分は、次の (4.4) 式で定義されるような、すべて

※6　(4.3) 式は、力が一定となる等加速度運動の場合のものだが、左辺の「力と時間の積」を「力を時間で積分した量」に置き換えると、運動方程式から導かれる一般的な式になる。これは、次のような変形を考えれば明らかである。

$$\text{運動方程式} \quad f = m\frac{dv}{dt} \Rightarrow \int_0^T f dt = [mv]_0^T$$

➚

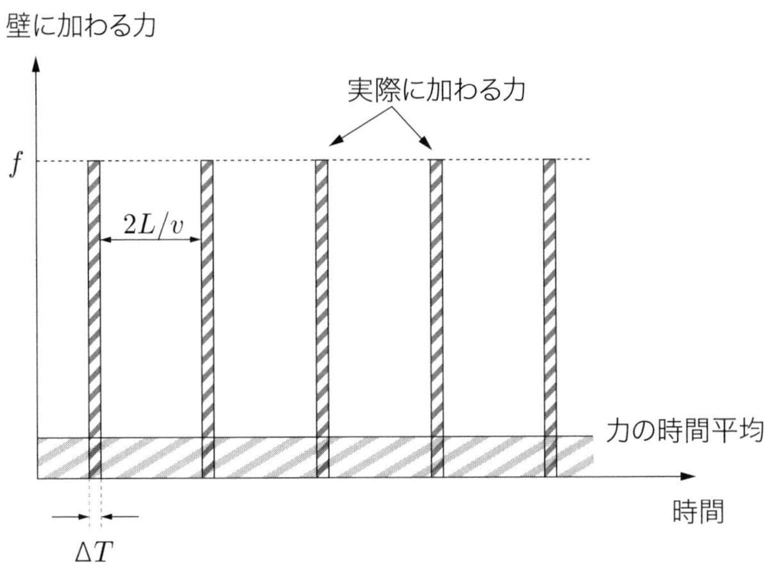

図 4-8 気体分子から壁に加わる力

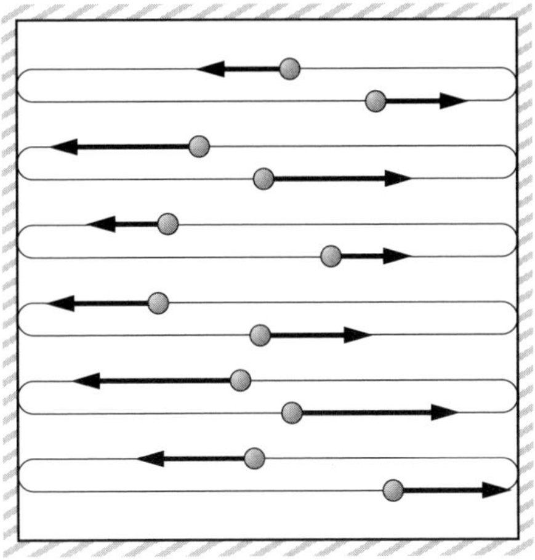

図 4-9 多数の分子の往復運動

➘ 力積は力を時間で積分した量を意味し、左ページの関係式（矢印の右側）は、「運動量の変化（右辺）は力積（左辺）に等しい」という法則を表す。

の分子に関する平均値を表すものとする。

$$\left\langle v^2 \right\rangle \equiv \frac{1}{N}\sum_{i=1}^{N} v_i^2 \tag{4.4}$$

力 F は、1辺 L の正方形の形をした面全体に加わる力を表す。気体の圧力 P は、単位面積あたりの力なので、 F を面積で割った値に等しい。

$$P = \frac{F}{L^2} = \frac{N}{L^3} m \left\langle v^2 \right\rangle = \frac{N}{V} m \left\langle v^2 \right\rangle \tag{4.5}$$

V は立方体容器の容積（＝気体の体積）である。

ここまでは、ある面に垂直な一方向にだけ分子が運動する場合を扱った。実際の分子は3次元的な運動をするので、立方体容器の各辺に平行な方向に x, y, z の座標軸を取り、速度の各成分に添え字を付けることにする。 x 軸に垂直な容器壁に加わる圧力は、速度の x 成分を使って表される。摩擦のない容器壁と弾性衝突する場合は、（**図4-10** に示したように）面に垂直な成分だけが反転するので、1次元の運動に関する議論をそのまま繰り返すことができる。 x 軸に垂直な面に加わる圧力は、

$$P = \frac{N}{V} m \left\langle v_x^2 \right\rangle \tag{4.6}$$

となる。

ここで、ある分子の速度を、3つの成分を持つベクトル $\vec{v}$ で表すことにしよう（矢印を付けた記号はベクトルを表す。また、分子のナンバリングは省略する）。 $\vec{v}$ の2乗は、各成分の2乗の和になる。

$$\vec{v}^2 = v_x^2 + v_y^2 + v_z^2 \tag{4.7}$$

分子が空間を運動するときの速さは、 $\vec{v}$ の絶対値に等しいので、分子が速度 $\vec{v}$ で動くときの運動エネルギー K （第1章(1.17)式）は、

$$K = \frac{1}{2} m \vec{v}^2 = \frac{1}{2} m \left(v_x^2 + v_y^2 + v_z^2 \right) \tag{4.8}$$

で与えられる。

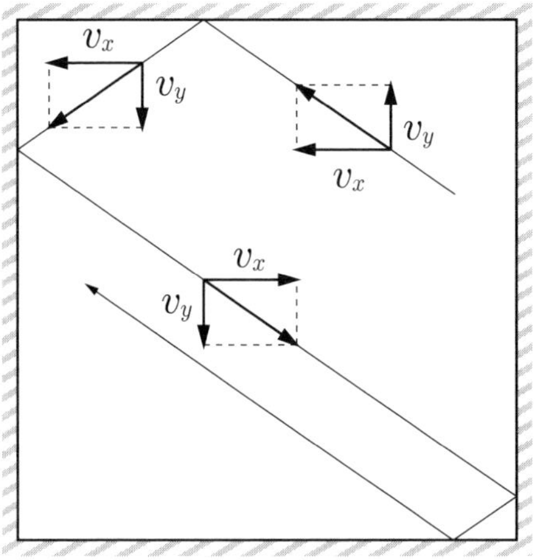

図4-10 気体分子と壁の衝突

特定の分子1個の速度を考えたとき、x, y, z の各成分は異なるのがふつうである。しかし、容器内を自由に飛び回る膨大な分子群の平均を考えると、どの方向でも平均値は等しくなるはずである。したがって、多数の分子についての平均を取った場合、

$$\left\langle v_x^2 \right\rangle = \left\langle v_y^2 \right\rangle = \left\langle v_z^2 \right\rangle = \frac{1}{3}\left\langle \vec{v}^2 \right\rangle$$

となる（最後の式に係数1/3が付くことは、(4.7)式の両辺で分子についての平均を取ることを考えればわかるだろう）。(4.6)および(4.8)式を使えば、容器壁に作用する気体の圧力として次式を得る。

$$P = \frac{2N}{3V}\left\langle \frac{1}{2}m\vec{v}^2 \right\rangle = \frac{2N}{3V}\langle K \rangle \qquad (4.9)$$

$\langle K \rangle$ は1個の分子が持つ平均的な運動エネルギー、$N\langle K \rangle$ は、全気体分子が持つ運動エネルギーの総和に等しい。

高校物理の範囲では証明できないが、(4.9)式は、立方体の容器に限らず、一般的な容器に封入された理想気体で成り立つ式である。

理想気体の状態方程式

(4.9)式の両辺に V を乗じると次式を得る。

$$PV = \frac{2}{3}N\langle K\rangle$$

この式とボイル=シャルルの法則(4.2)を比較すると、2つの式の形から、ボイル=シャルルの法則の比例係数には、気体の量として（質量などではなく）分子数 N が付くと推定できる。そこで、N を除いた係数を k と置くことにしよう。その結果、ボイル=シャルルの法則(4.2)は、次のように書き直される。

$$PV = NkT \tag{4.10}$$

これが、理想気体の状態方程式である。

k は、ボルツマン定数と呼ばれる。実験データを元にすると、その値は次の通り（厳密に言うと、k は物理定数ではなく、エネルギーと温度の単位を換算するための係数であり、誤差はない）。

$$k = 1.38064852 \times 10^{-23}[\mathrm{m}^2 \cdot \mathrm{kg} \cdot \mathrm{s}^{-2} \cdot \mathrm{K}^{-1}]$$

アボガドロが予想したように、ボイル=シャルルの法則の比例係数は、分子質量のような気体の種類に依存する量を含まず、分子数だけで表されることが示された。ボルツマン定数を含む状態方程式(4.10)と(4.9)式を併せると、次式を得る。

$$\langle K\rangle = \frac{3}{2}kT \tag{4.11}$$

気体分子運動論は、ボイル=シャルルの法則に含まれる温度の意味を明らかにした。ここでの温度は、分子1個の運動エネルギーと結びつくのである。これが物理学の発展においてどんな意義を持つかは、4-3節で詳しく解説したい。

状態方程式(4.10)は、気体が分子から構成されるという仮定と直接的に結びつく式なので、物理学者にはわかりやすい。だが、気体分子の個数 N はきわめて大きく、ボルツマン定数 k は逆にきわめて小さいため、実用上は不便である。そこで、 N を表すのに、アボガドロ定数 N_{A} を基準とする実用的な単位が決められた。アボガドロ定数 N_{A} は、次式で定義される（これが定義であり、誤差はない）。

$$N_{\mathrm{A}} = 6.02214076 \times 10^{23}$$

この定義は、陽子あるいは中性子が N_{A} 個だけ集まったときに、ほぼ1グラムになるように定められた。例えば、水分子（陽子8個、中性子8個の原子核と電子8個から構成された酸素原子1個と、陽子1個、電子1個の水素原子が2個結合したもの）が N_{A} 個集まると、ほぼ18グラム、正確には18.02グラムになる。水に限らず、分子が N_{A} 個だけ集まったときの質量は、分子に含まれる陽子と中性子の個数にグラムを付けたものと、誤差1%未満で一致する（中性子数の異なる同位体が混じる場合は、この限りではない）。

特定の分子が N_{A} 個集まったとき、その分子から構成される物質の量を1モルと定義する。モルとは、アボガドロ定数 N_{A} を基準として分子の個数を表すときの単位であり、純粋な物質が n モル存在するならば、分子の個数 N は nN_{A} になる。

理想気体の実用的な状態方程式としては、モル数 n を使った次の式が使われる（化学者は、(4.10)式よりもこちらの方を好む）。

$$PV = nRT \tag{4.12}$$

R は気体定数と呼ばれ、(4.10)式と比較すると、

$$R = kN_{\mathrm{A}}$$

という関係になることがわかる。

ケーススタディ　ファン・デル・ワールス方程式

理想気体は、分子間力や分子の大きさを無視した仮想的な気体であり、現実に存在する気体（実在気体）とは異なる。それでは、どれくらいの違いがあるのだろうか？

常温（絶対温度で300K前後）以上で圧力があまり高くない（10気圧以下程度）ならば、沸点が低いヘリウムや水素・窒素・酸素などの気体は、誤差1%以下の精度で理想気体の状態方程式に従う。ただし、気体の種類によって振る舞いが異なり、沸点の高い水蒸気はもちろん、二酸化炭素なども、理想気体からのずれが大きい。

理想気体と実在気体の差違が特に顕著になるのは、分子間の引力によって分子同士がくっつき始める場合である。くっついた分子の集まりが巨大化し、液体と見なせるようになる現象が凝縮であり、その振る舞いは、理想気体の状態方程式では説明できない。凝縮が起きるのは、分子の密度が高く速度が遅い場合なので、高圧ないし低温になるほど理想気体からのずれが大きくなる。

凝縮を扱うためには、分子が大きさを持ち（そうでなければ衝突できない）、引力となる分子間力がある（そうでなければくっつけない）と仮定しなければならない。この2つの効果によって、状態方程式(4.10)がどのように修正されるかを考える必要がある。

凝縮を起こす付近でも使えるように理想気体の状態方程式を修正したのが、次のファン・デル・ワールスの状態方程式である。

$$\left(P+\frac{n^2a}{V^2}\right)(V-nb)=nRT$$

この式を導くには大学レベルの熱力学の知識が必要だが、ごく大ざっぱに言えば、次のようになるだろう。まず、体積 V を $V-nb$ に置き換えるのは、分子に大きさがある効果で、気体分子が自由に動き回れるスペースが、容器の容積 V よりも全分子が占める体積の分だけ狭くなることを表す。また、圧力 P の補正項は、分子間力に起因する。分子間に引力が作用する場合、容器壁に接近した気体分子が速度の向きを変えるのは、壁からの力と周囲の分子から

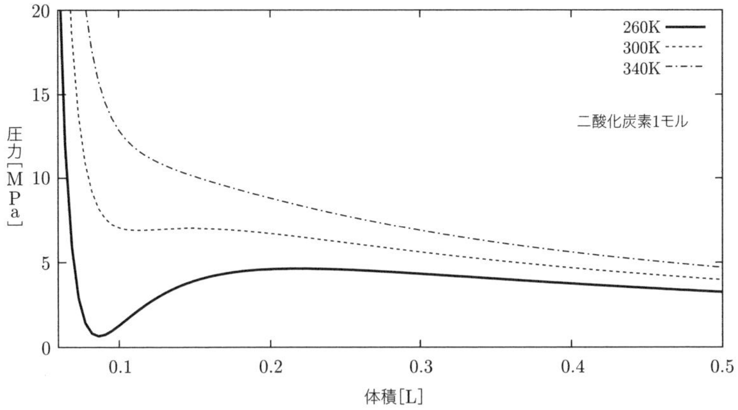

図4-11 ファン・デル・ワールスの状態方程式

の引力であることを考慮してある。

ファン・デル・ワールスの状態方程式は正確なものではなく、凝縮が起きる状態付近で理想気体からどの程度ずれるかを近似的に表す式にすぎない。例えば、二酸化炭素のファン・デル・ワールス状態方程式から、いくつかの温度のときの圧力と体積の関係を求めると、**図4-11**のようなグラフが得られる。このグラフに示されるように、低温では途中に極大値・極小値が現れるが、気体を等温圧縮する過程で実際に圧力が上下するとは考えにくい。実は、こうした振る舞いが見られる領域では、分子間力によって気体の一部が凝縮し、気体と液体が共存するのである。したがって、この領域では、気体の状態に関するファン・デル・ワールスの状態方程式は成り立たず、気体と液体の共存状態を表す式に置き換える必要がある。

ファン・デル・ワールスの状態方程式は、そのままでは凝縮領域で使えず、厳密な法則を表すとは言えない。しかし、分子の大きさや分子間力を具体的に考えると、凝縮という18世紀までは謎でしかなかった不思議な現象に迫れることから、多くの科学者に「分子は実在する」という信念を与えた。その点で、歴史的な意義のある式だと言えるだろう。

4-3 熱と温度

理想気体の分子運動論で最も重要な帰結は、(4.11)式に示された「分子1個の平均運動エネルギーが、絶対温度に比例する」というものである。しかし、この関係式は、ボイル＝シャルルの法則という観測事実を分子運動論に結びつけた結果として得られたのであって、温度を理論的に解明したわけではない。

熱い／冷たいという区別なら、古代からあった。熱いものと冷たいものを接触させると、熱いものが冷め、冷たいものが熱せられて、両者が同じような温かさになることも知られていた。この現象を説明するため、熱い物体から冷たい物体へと何かが移動するという解釈が生まれ、その何かは熱と呼ばれた。しかし、熱の正体については、19世紀になるまで、熱素という元素なのか微視的な運動なのかを巡って、議論が紛糾していた。

熱さ／冷たさを表す指標である温度についても、わからないことだらけだった。多くの物質は熱くなると膨張するので、この性質を利用して、ガラス管に熱膨張率の大きな液体を封入し、その体積変化を利用して、熱さの指標である温度の値を決定した。これが液柱温度計であり、19世紀以前は、温度計の示す値以外に温度を定義する方法がなかった。

熱が自然に移動する向きは、常に「温度の高い領域から低い領域へ」であって、その逆は起きない。この性質から、熱と温度が密接な関係にあることは明らかだが、具体的に両者がどのように関わり合うかは、長く不明のままだった。

原子論が普及した19世紀後半になると、熱とは、ニュートン力学の運動エネルギーやポテンシャルエネルギーを原子スケールに拡張した、エネルギーの一種だという見方が広まってきた。熱と温度の関係がはっきりするのは、まず、マクスウェルが分子が持つエネルギーの分布を温度の関数として表し、次いでボルツマンによって、一般化された法則が導かれてからである。

気体のエネルギー

ニュートン力学では、運動エネルギーと（重力や電磁気の）ポテンシャルエネルギーを加えた力学的エネルギーが時間とともに変化せず、一定の値を保つ

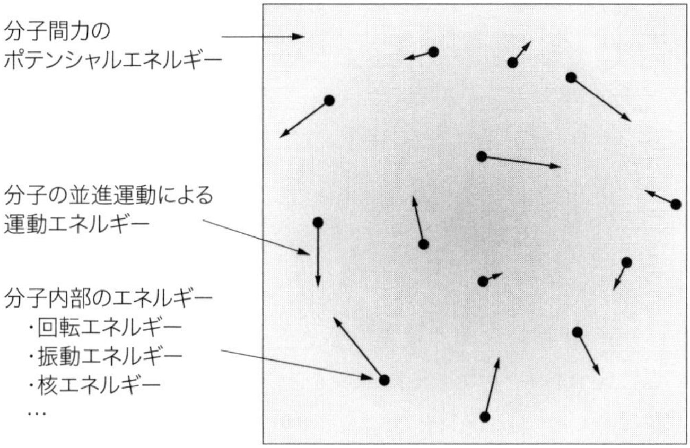

図4-12 気体分子が蓄えるエネルギー

という保存則があった。同じように、原子から構成される一般の物質でも、原子（あるいは、原子の構成要素となる素粒子）同士の位置関係によって決まるポテンシャルエネルギーまで含めると、保存されるエネルギーが定義可能だと期待される（終章では、一般的なエネルギーを定義する方法を示す）。しかし、きわめてたくさんある原子同士の相互作用を理論的に扱うのは難しい。

理想気体では、「分子間力を無視する」という前提があるため、エネルギーに関する議論がきわめてシンプルになる。現実の気体分子が飛び回る空間には、分子間力のポテンシャルエネルギー（その正体は、電磁気的ポテンシャルエネルギー）が蓄えられているはずである（**図4-12**）。しかし、分子間力を無視する理想気体の場合、こうしたポテンシャルエネルギーを考える必要はなく、気体が持つエネルギーは、気体分子の並進運動による運動エネルギーと、個々の分子内部に蓄えられたエネルギーだけになる。

複数の原子が結合した多原子分子ならば、原子同士の相対的な位置関係が変化し得るので、本来は、分子全体の回転や振動によるエネルギーを考慮しなければならない。だが、これらについては、後でエネルギーの等分配則を議論する際に改めて取り上げることにして、しばらくは、回転や振動のない単原子分子だけを考える。

分子全体の回転・振動以外にも、電子や原子核に蓄えられるエネルギーがあるが、これらは、化学反応や核反応が起きない限り一定である。常に一定の値を取り続けるならば、気体が持つエネルギーの変化に寄与しないので、無視してもかまわない。

結局、容器に封入され化学反応などが起きない単原子分子理想気体の場合、気体が持つエネルギーの中で変化する可能性があるのは、並進運動によるエネルギーだけである。

分子1個が持つ平均的な並進運動のエネルギーが(4.11)式の $\langle K \rangle$ なので、分子数が N 個の気体全体の運動エネルギーは、$N\langle K \rangle$ で与えられる。したがって、これを気体の内部に蓄えられたエネルギー——内部エネルギー——と呼び、U で表すことにする。

$$U = N\langle K \rangle = \frac{3}{2}NkT = \frac{3}{2}nRT \tag{4.13}$$

最後の等式は、分子の個数 N をモル数 n を使って書き直した。

(4.13)式は、単原子分子の場合に限って成り立つ式であり、2原子以上の分子では係数が異なるが、気体のエネルギーを考える上で役に立つので、温度と熱エネルギーの関係を論じる際の出発点としたい。

熱の流れ

素朴に考えると、温度が高い領域にはエネルギーがたくさんあるように思われるだろう。しかし、(4.13)式が示すように、内部エネルギーの総量 U が小さくても、そのエネルギーを分け持つ分子数 N が充分に少なければ、温度 T は高くなる。温度とは、単純にエネルギーの総量を表すのではなく、個々の分子がどれほどのエネルギーを持つかの指標である。

温度が何を表し、熱の流れがどのように生じるかを考えるモデルとして、異なる温度を持つ2つの同種気体を接触させ、気体の間で熱が移動するというケースを考える。実際には、気体における熱の移動は、気体同士よりも、気体分子が容器壁などの凝縮した物体（固体・液体）に衝突したときに起きるのが一般的である（分子に大きさがないとする理想気体では、そもそも気体分子同

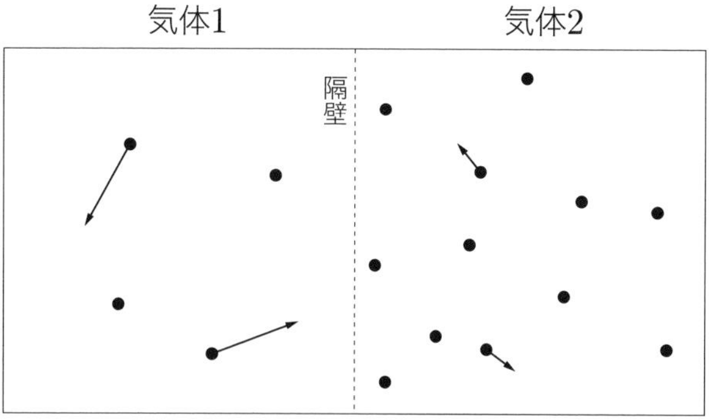

内部エネルギー	$U_1 < U_2$
分子数	$N_1 \ll N_2$
温度	$T_1 > T_2$

図4-13 気体の混合とエネルギー

士の衝突が起きない)。だが、凝縮した物体を介した熱の流れを考えると議論が複雑になるので、気体分子が衝突してエネルギーをやりとりするものと仮定する。

最初の状態では、気体1と気体2を隔壁で分離しておく。気体1は気体2に比べて内部エネルギーが小さいが、分子数 N が大幅に少ないため、分子1個あたりの平均運動エネルギーが大きく温度が高いものとする(**図4-13**)。この状態から隔壁を取り除き、2つの気体を混合すると、充分に時間が経過した後、全体が均一な温度になるというのが経験的な法則である。理想気体でも、この法則の通りになると仮定して、議論を進めてみたい。

隔壁が取り除かれた直後の状態を考えよう。このとき、気体1と気体2は混合され、全体の内部エネルギーは $U_1 + U_2$ になるが、気体分子間でのエネルギーのやりとりが行われていないため、個々の分子が持つ運動エネルギーの平均値は、気体1の分子の方が気体2よりも大きい。全体のエネルギーがまだ、混合された気体が一様になるように分配し直されておらず、エネルギーが偏った状態になっている。分子間でエネルギーのやりとりが繰り返されていくうちに、エネルギーの偏りが均されて、気体1と気体2の分子の平均運動エネルギーが等しくなる。この最終的な状態が、もはや熱の流れが起きない「熱平衡」の状態である。

2つの気体が混合され熱平衡に達したときの温度 T は、次の関係式によって与えられる。

$$U_1 + U_2 = \frac{3}{2}(N_1 + N_2)kT \qquad (T_1 > T > T_2) \tag{4.14}$$

この議論で重要なのは、エネルギーが、「内部エネルギーの大きい領域から小さい領域へ」ではなく、「分子1個あたりのエネルギーの平均値が大きい領域から小さい領域へ」と移動する点である。平均値が流れを左右することに示されるように、こうしたエネルギーの移動は統計的な現象である（統計的な現象が具体的にどのようなものかは、本章末尾のコラムに記しておく）。熱エネルギーとは、統計的な法則に従って移動するエネルギー一般を指すと言ってよい。熱というと、熱さという感覚と結びつけて理解したくなるだろうが、この感覚は、触れた物体からエネルギーが急激に身体に移動し神経が刺激された結果にすぎない。熱を感覚的に把握しようとすると誤りやすい。

温度とは、内部エネルギーがそれぞれの分子にどのように分配されるかを表す統計的な指標だと考えられる。温度が高い領域では、大きなエネルギーを持つ分子の割合が高いため、温度の低い領域と接触すると、エネルギー分配の偏りをなくすように、熱エネルギーの流れが生じる。

温度が内部エネルギーの量ではなく統計的な指標であることを示すわかりやすい事例が、銀河間ガスのケースである。銀河間ガスと呼ばれる気体（正確に言えば、電離した原子のような荷電粒子から構成されたプラズマ）は、銀河と銀河の間に存在し、数百万度という高温になっていることもある。しかし、銀河から遠く離れた宇宙空間に物体を浮かべても、熱で溶けてしまうことはない。銀河間にある荷電粒子は、さまざまなメカニズムで加速されるために高速で運動するものが多く、それ故に、平均運動エネルギーに基づいて温度を定義すると高い値になる。しかし、個数はきわめて少なく、1平方メートルあたり、原子が数個以下の場合がふつうである。個々の原子が持つ運動エネルギーは大きくても、宇宙空間に置かれた物体の周囲にある銀河間ガスがごくわずかなので、それによって物体が温められることはない[※7]。

マクスウェル分布

(4.11)式（$\langle K \rangle = 3kT/2$）は、理想気体の温度 T が分子1個が持つ平均運動エネルギー $\langle K \rangle$ と結びつくことを示した。しかし、当然のことながら、すべての分子の運動エネルギーが平均値と等しくなるわけではなく、平均値の周りにバラつくはずである。このバラツキはどのようになるのだろうか？ この問題に挑戦したのが、マクスウェルである。

ちょっと考えると、容器壁や分子同士で衝突しながらランダムに運動しているのだから、速度のバラツキ具合を求める方法などなさそうに思えるだろう。しかし、マクスウェルは、いくつかの条件を仮定することで、分布関数が満たすべき関係式を求め、ある速度で運動する分子の割合がどれくらいかを導いた。これが、マクスウェル分布である。マクスウェルの議論は、理論物理学の粋とも言える優れたものだが、高校物理の範囲を超えるので、ここではごく大ざっぱな議論でその香りだけでも味わっていただきたい。興味のある人は、高校物理を修得した次の段階で、マクスウェルがどうやって速度分布を導いたか勉強してほしい。

気体は、自由に飛び回るきわめて多数の分子から構成されている。重力の作用が無視できなければ、分子の動きは鉛直方向と水平方向でわずかに違うはずである。しかし、分子の質量はきわめて小さく、速度は充分に大きいため、重力の作用は無視してもかまわない。重力の作用がなければ、気体にとって、前後左右上下のどの方向も関係ない。したがって、どの方向から見ても、速度分布は同じに見えるはずである。これは、速度分布の式に対する制限になる。

はじめに、分子が一つの方向にしか運動できない場合を考えよう。このとき、**図4-9**のように、容器内部で多数の気体分子が、特定方向にさまざまな速度で運動している。図では描かれていないが、気体分子同士でエネルギーのやりとりがあり、こうしたやりとりを続けた結果として、全体としてはエネルギーの流れがない状態になっているものとする。

※7　高エネルギーのプラズマ粒子が人体にぶつかると、その場所の細胞を損傷しガンの原因になったりする。また、空気がない場所では、血液中に溶けていた窒素が気泡を作り血管を閉塞する減圧症を発症することもある。したがって、熱くないからといって宇宙服なしに宇宙空間に飛び出してはいけない。

ここで、速度分布関数 $f(v)$ を導入する。$f(v)$ は、速度が v から Δv （Δv は充分に小さいものとする）の間に入る分子の割合が $f(v)\Delta v$ になるように定義される。気体が全体として流れておらず一様な状態にある場合、座標軸のプラス向きの分子がマイナス向きの分子よりも多くなるといったアンバランスな事態にはならないはずである。したがって、$f(v)$ は v を $-v$ に変えても同じ値でなければならず、v の2乗の関数になることがわかる。

次に、分子が3次元のどの方向にも動けるものとしよう。このとき、xyz 軸という3つ方向の速度が、それぞれ $v_x \sim \Delta v_x$ ，$v_y \sim \Delta v_y$ ，$v_z \sim \Delta v_z$ の範囲に入る分子の割合はどうなるか？「どの方向から見ても、速度分布が同じ」という条件から、速度分布関数は、速度の向きには依存せず、速度の大きさ、あるいは、速度の2乗の関数になるはずである。3次元の速度分布関数を F とすると、速度が問題の範囲に入る割合は、次式で表される。

$$F\left(v_x^2 + v_y^2 + v_z^2\right) \Delta v_x \Delta v_y \Delta v_z$$

マクスウェルは、さらに、ある方向の速度分布は別の方向の分布とは無関係に決まる―すなわち、3次元の分布関数は各方向の分布関数の積になる―という、かなり強い仮定を置いた[※8]。重力の影響がなければ、xyz のどの方向でも、同じ速度分布になるはずなので、マクスウェルの仮定を式で表すと、次のようになる。

$$F\left(v_x^2 + v_y^2 + v_z^2\right) \Delta v_x \Delta v_y \Delta v_z = f(v_x) f(v_y) f(v_z) \Delta v_x \Delta v_y \Delta v_z \tag{4.15}$$

v_x ，v_y ，v_z がどんな値でもこの等式が成り立つような F と f の関数形は、実は一つしかない。それは、指数関数 $\exp(\cdots)$ [※9]を含む次のようなものである。

$$F\left(v_x^2 + v_y^2 + v_z^2\right) = C \exp\left\{-a\left(v_x^2 + v_y^2 + v_z^2\right)\right\} \tag{4.16a}$$

$$f(v) = C^{\frac{1}{3}} \exp\left(-av^2\right) \tag{4.16b}$$

関数形が一つしかないことの証明は、かなり難しい。指数関数の性質を知っている読者は、(4.16)式を代入すると(4.15)式が成り立つことを確認した上で、

※**8**　マクスウェルの論法が正当化されるためには、(**1**) すべての部分における値を加え合わせると時間が経過しても変動しない物理量が存在すること、(**2**) 各部分間の相互作用が弱く、保存量のやりとりは各部分ごとに独立に起きると見なせること―が必要である。きわめて多数の分子から構成された気体のエネルギーに関しては、この条件が満たされる。

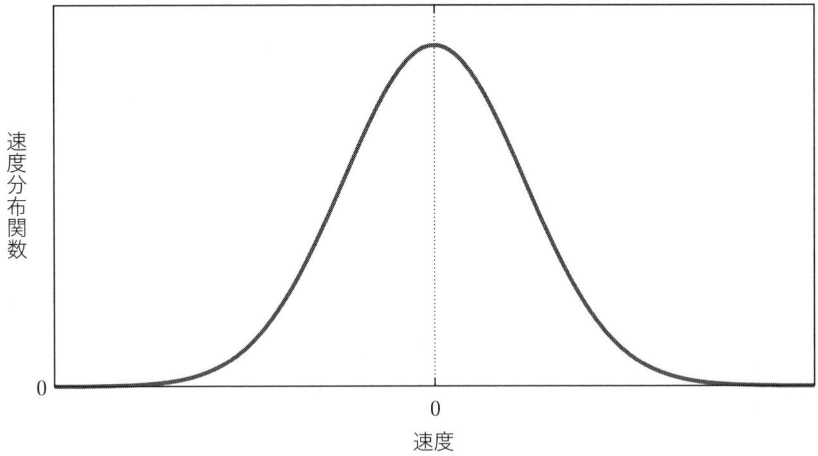

図4-14 マクスウェル分布

それ以外の関数形をいろいろ試して納得していただきたい。

速度の1成分に対して、速度分布関数 f がどんな形になるかを、**図4-14** に示しておく。グラフの概形からわかるように、速度が0付近にピークがあり、速度の絶対値が増すにつれて、その速度を持つ分子の割合は急激に低下する。

(4.16)式に含まれる定数 C は、「任意の速度になる分子が全分子の中に占める割合は1である」という当たり前の条件から決まる（これは、(4.16)式の F を速度成分の全領域にわたって積分した値が1になることを意味する)。この条件から求められる C は、次の通り。

$$C = (a/\pi)^{\frac{3}{2}}$$

定数 a は、分子1個あたりの平均運動エネルギーと絶対温度の関係式(4.11)を満たすように決めることができる（体系化された統計力学を用いれば、もう少し理論的に導くことも可能である)。

速度の2乗をすべての分子について平均するには、(4.4)式のように、各分子が持つ速度の2乗を足し合わせてから分子数 N で割ればよい。ここで、(4.16)式で与えられる速度分布関数 F は、同じ速度を持つ分子が N 個のう

※9 指数関数 $\exp(x)$ は、自然対数の底（ネイピア数）を e とすると、e の x 乗に等しい。

ちのどれだけの割合で存在するかを表している。したがって、F に速度の2乗を掛けてすべての速度について足し合わせる（数学の用語で言えば、速度で積分する）ことによって、速度の2乗の平均値（2乗平均）が与えられる※10。この平均値を(4.11)式に代入すれば、a が求められる。

$$a = \frac{m}{2kT}$$

こうして得られた C と a を使えば、F の関数形は次のようになる。

$$F = \left(\frac{m}{2\pi kT}\right)^{\frac{3}{2}} \exp\left(-\frac{1}{2}m\left(v_x^2 + v_y^2 + v_z^2\right)/kT\right) \qquad (4.17)$$

この速度分布は、マクスウェル分布と呼ばれる（運動エネルギーだけを考えているので、エネルギー分布の式にもなっている）。マクスウェル分布は、「速度分布がどの方向から見ても同じ」といった一般的な条件を課すことで求められたものであり、容器内部で気体が一様な状態になったときに最もありそうな分布である。初期状態ではこれと異なる速度分布だったとしても、気体分子同士でエネルギーのやりとりを続けるうちに、しだいにマクスウェル分布に近づいていく。最終的にこの分布に到達すると、そこからは変化しなくなると考えられる。つまり、マクスウェル分布とは、理想気体が「熱平衡」の状態に達したときの速度分布なのである。

マクスウェルの議論は、「温度とは何か」という問いに答える上で、本質的なステップとなった。理想気体が平衡状態に達したとき、エネルギーは(4.17)式に従って各分子に分配される。

マクスウェル分布が温度 T にどう依存するかを、**図4-15**に示しておく。このグラフからわかるように、T が高いほど、速度が大きい分子の割合が増える。温度とは、エネルギーそのものの多寡を示す値ではない。「温度が高い」とは、すなわち「大きなエネルギーを持つ分子が多い」ことを意味するのであり、エネルギーがどのように分配されるかを示す指標なのである。こうした分配は、膨大な数の分子がエネルギーをやりとりする過程で自然に行われるものなので、温度は、統計的な現象に関する指標と言うことができる（この点に関しては、章末の【コラム】を参照）。

※10　章末の後注＊10参照。

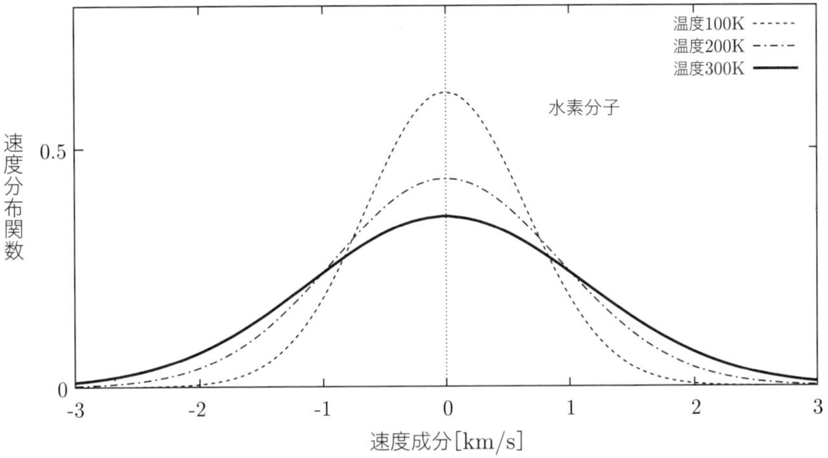

図4-15 マクスウェル分布の温度依存性

式の上では、T がゼロになると、すべての分子の速度がゼロになる。ただし、実際には、そうなる以前の温度で、気体分子が凝縮して液体や固体になり、マクスウェル分布の式(4.17)は使えなくなる。

エネルギーはどのように分配されるか

気体分子が持つ運動エネルギー K を、どの方向に運動するかという成分に分けて、 K_x, K_y, K_z と書くことにする。

$$K_x = \frac{1}{2}mv_x^2, \quad K_y = \frac{1}{2}mv_y^2, \quad K_z = \frac{1}{2}mv_z^2$$

見やすいように、指数関数の前の係数を C で表すと、(4.17)式は、次のようになる。

$$F = C\exp\left(-K_x/kT\right) \cdot \exp\left(-K_y/kT\right) \cdot \exp\left(-K_z/kT\right)$$

分布関数の形が xyz のどの成分でも同じなので、各成分ごとの運動エネルギーの平均値も等しくなる。(4.11)式（ $\langle K\rangle = 3kT/2$ ）は3つの成分の和についてのものなので、1つの成分の平均値は、 $kT/2$ になる。

$$\langle K_x \rangle = \langle K_y \rangle = \langle K_z \rangle = \frac{1}{2}kT$$

ボルツマンは、マクスウェルが得たこうした結果を、より一般的なケースに当てはめた。マクスウェルによって、運動エネルギーが特定の値になる分子の割合が運動方向ごとに指数関数で表されたが、運動エネルギー以外のエネルギー E についても、同じような式が成り立つことを示したのである。厳密な議論は大学レベルの物理学になるので、ここでは、ごく大まかな説明だけしておこう。

多数の部分から構成され、全体のエネルギーが一定の値に保たれるシステムを考える。それぞれの部分同士は微小なエネルギーをランダムにやりとりし、全体としてエネルギーの流れが見られない状態（熱で言えば、熱の流れがない状態）に到達しているものとする。このとき、マクスウェルが想定したのと同様のいくつかの条件が満たされるならば、構成要素が持つエネルギーを E としたとき、エネルギー分布を与える関数には次の因子が式全体にかかる。

$$\exp(-E/kT) \tag{4.18}$$

気体分子運動論では、エネルギー E として分子の運動エネルギーが現れるが、ボルツマンは、それ以外のさまざまなエネルギーに関しても、同じ形の指数関数が現れることを示した。(4.18)式の因子はボルツマン因子と呼ばれる。ボルツマン因子は、気体の熱力学に限らず、あらゆる統計的な現象を解明する上で本質的な役割を果たす。

マクスウェルの気体分子運動論は、「分子間力がない」という現実とは異なる仮定の上に構築されたが、決して空理空論ではない。分子間力という攪乱要素を無視することによって、統計的な現象の本質をえぐり出し、ボルツマンによる一般論を可能にしたのである。これが、物理学の方法論である。

エネルギー等分配則

ボルツマンの議論を、多原子分子の気体分子運動論に当てはめてみよう。

3次元の各方向に大きさを持つ物体は、3つの軸の周りで回転させられる（**図**

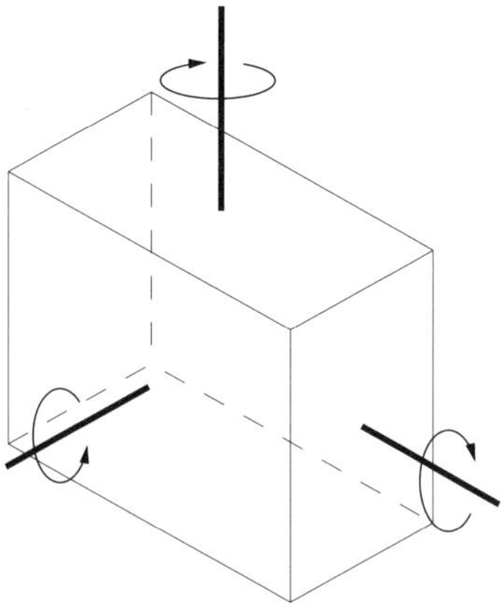

図 4-16　3つの軸の周りの回転

4-16)。多原子分子も3軸の周りの回転があるので、運動エネルギーを座標成分に分けて K_x, K_y, K_z と表したのと同様に、回転エネルギーも、回転軸ごとに R_1, R_2, R_3 と表すことにする（並進運動とは異なる座標軸を使うので、添え字は1〜3とした）。

ここでボルツマンの一般論に従うと、この回転エネルギーの平均値も、それぞれ $kT/2$ だと予想される※11。

$$\langle R_1 \rangle = \frac{1}{2}kT, \quad \langle R_2 \rangle = \frac{1}{2}kT, \quad \langle R_3 \rangle = \frac{1}{2}kT$$

絶対温度が T のときの多原子分子の内部エネルギー U は、並進運動のエネルギーと回転運動のエネルギーを併せた量として、次式で与えられる。

$$U = N \times (\langle K_x \rangle + \cdots + \langle R_1 \rangle + \cdots) = N \times 6 \times \frac{1}{2}kT \qquad (4\text{-}19)$$

多原子分子の場合、気体内部に蓄えられたエネルギー U は、並進運動だけでなく回転運動にも分配される。その大きさは、分子1個につき、並進の3方向と回転の3軸ごとに、平均して $kT/2$ ずつとなる。このように、運動の自由度に対して等しく $kT/2$ のエネルギーが分け与えられることを、エネルギー等分配則という。

※11　分配されるエネルギーの平均値が、どの自由度に対しても常に $kT/2$ になるわけではない。回転エネルギーを表す式が並進エネルギーの式とよく似た形になることから、$kT/2$ という値が出てきたのである。これ以上の説明には、統計力学の知識が必要となるので、本書では省略する。

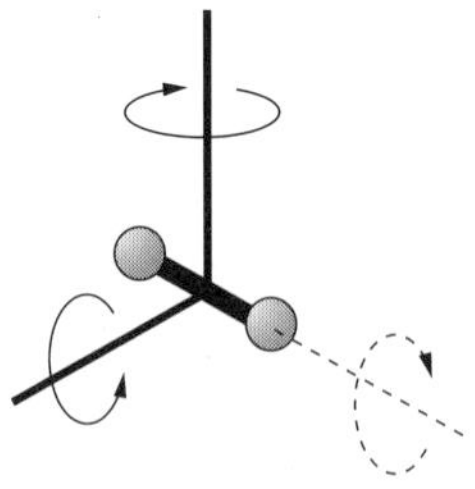

図 4-17　2原子分子の回転

注意しなければならないのは、分子が容器壁に衝突したときに与える力が、並進運動だけに起因することである。同じ温度の単原子分子気体と多原子分子気体が存在する場合、内部エネルギー U は異なるが、並進運動のエネルギーに限れば、どちらの気体も分子1個あたり平均 $3kT/2$ になる。(4.9)式で示したように、圧力 P は、並進運動のエネルギーによって定まる。このため、分子数と体積が同じならば、同じ温度での圧力は、単原子か多原子かといった気体の種類によらずに等しい。

水素分子や酸素分子のような2原子分子になると、水蒸気やメタンなどの3次元的な広がりを持つ分子とは、エネルギーの分配が少し異なる。これらの分子は、喩えて言えば鉄アレイのような形状をしている（**図4-17**）。鉄アレイの軸の周りには大きな回転エネルギーが生み出せないので、回転運動の自由度は2つしかないと見なすべきである（この説明は、物理学的には不正確であり、正しくは、量子論に基づいて議論しなければならない）。並進運動と合わせると運動の自由度は5つであり、等分配則に従って、各自由度ごとに $kT/2$ のエネルギーが分け与えられる。したがって、内部エネルギーの式は次のように変更される。

$$U = N \times 5 \times \frac{1}{2}kT$$

エネルギーの等分配則は、常に成り立つ法則ではない。振動のエネルギーは、量子効果の影響が強く表れて離散量となるが、最低エネルギーとその次のエネルギーの差が大きいため、等分配則には従わない。気体分子運動論では、振動のエネルギーは常に最低エネルギー状態にあると仮定し、変化しないものとして扱う。

仕事とエネルギー

熱の移動は、エネルギー分配の偏りを均す統計的な現象だが、これ以外にも、エネルギーが移動する仕方は無数にある。ピストン付きシリンダーに封入された気体なら、ピストンを出し入れすることによってエネルギーを移動させることも可能である。

まず、封入された気体に限らず、力を加えたときに力学的エネルギーがどのように変化するか、一般的な性質を調べておこう。

重力加速度が一定値 g となる地表付近で、質量 m の物体を自由落下させる。このとき、エネルギー保存則から、運動エネルギーと重力による位置エネルギーの和は一定になる（重力ポテンシャルに関する第1章(1.14)式において、近似式 $\Phi(y)=gy$ を代入し、両辺に質量 m を乗じてエネルギーの式に変換する）。

$$\frac{1}{2}mv^2+mgh=(\text{一定}) \tag{4.20}$$

この式は、地表付近で落下する物体が持つエネルギーを表すと説明されることが多い。だが、第1章で論じたように、mgh は実際には、地球周辺の重力ポテンシャルを近似して得られるものである。重力による位置エネルギーとは、電磁気のエネルギーと同じように重力源周囲の空間内部に蓄えられるものであり、物体のエネルギーとは別に考える方が実態に即している。

この立場からすると、落下する物体のエネルギーに関する式（正確な形は第1章(1.17)式）は、空間に蓄えられていた重力の位置エネルギーが、物体に受け渡されて運動エネルギーになったと解釈できる。

高さ H で速度 V を持っていた物体が、鉛直方向の距離 Δh だけ落下して速度が変化したとする。このとき、エネルギーの関係は、**図4-18**のように表される（重力加速度は一定値 g とする）。

図4-18に示したエネルギーの関係は、位置エネルギーと運動エネルギーの

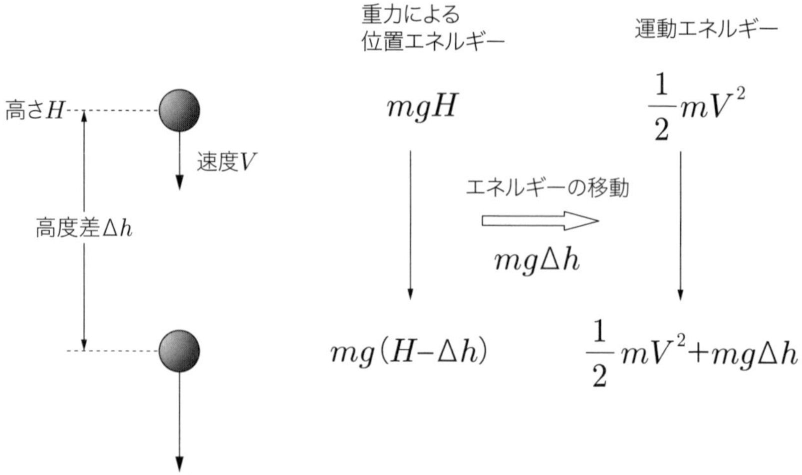

図 4-18　**落下によるエネルギーの移動**

和が一定になるというエネルギー保存則だが、空間に蓄えられていた位置エネルギーの一部が物体が持つ運動エネルギーに移されたと解釈することもできる。このとき、移動したエネルギーは、物体に加わる重力 mg と物体の移動距離 Δh の積になっている。このように、力を加えながら物体を移動させたとき、（力）×（距離）に等しいエネルギーが受け渡されることは、運動方程式から導かれる一般的な性質である[※12]。こうしたエネルギーの受け渡しは、力による「仕事」と呼ばれる。

気体の状態変化の場合も、力による仕事を通じて、外部とエネルギーのやりとりをすることがある。

熱力学第一法則

ピストンが取り付けられたシリンダーに、気体が封入されているとしよう（**図4-19**）。ピストンが動く場合、（力）×（距離）で表される力学的な仕事という形で、気体の内部と外部の間でエネルギーのやりとりがされる。ここでは、直観的にわかりやすいように、ピストンに外力を加えて押し込むケースを考える

※**12**　章末の後注＊12参照。

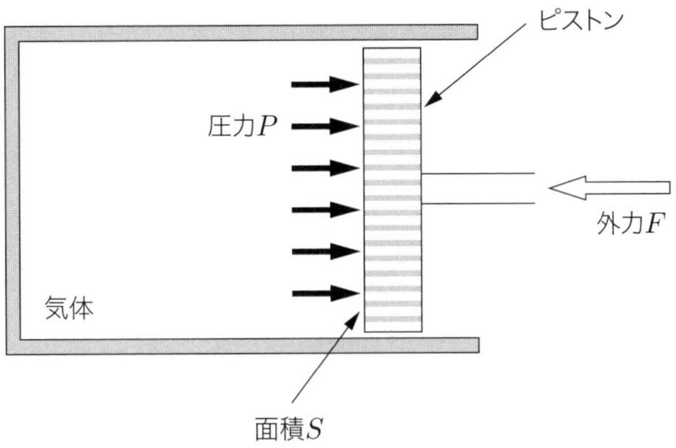

図4-19 気体を封入したシリンダー

ことにしよう。

議論を簡単にするために、面積 S のピストンには、容器の内側から気体の圧力 P による力 PS 、外側から外力 F が加わっており、PS と F が釣り合ったまま、ゆっくりと（準静的に）ピストンが移動する場合を考える。準静的でない状態変化では、バルブを急に開いた場合のように気体が激しく流れる過程が生じるため、扱いが難しい。しかし、準静的過程に限れば、ピストンの出し入れによる内部エネルギーの変化が簡単に求められる。

ここで、仕事の大きさが（力）×（距離）に等しいという法則を式で表そう。ピストンが内部に押し込まれるとき、ピストンの移動距離を ΔL とすると、気体の体積変化 ΔV は、 $-S\Delta L$ となる。負号を付けたのは、ピストンが内部に押し込まれるとき、気体の体積 V は減少し、 ΔV がマイナスになるからである。この過程で外部から気体内部に移動する力学的エネルギーは、

$$(\text{力}) \times (\text{距離}) = PS\Delta L = -P\Delta V \qquad (4.21)$$

となる。このとき、ピストンが押し込まれたことにより(4.21)式で表される

エネルギーが入ってくるので、気体の内部エネルギー U は増大する。逆に気体の圧力でピストンが押し出されたときには、ΔV が正になり U は減少する。

容器に封入された理想気体に出入りするエネルギーは、ピストンの移動に伴う仕事とともに、加熱・冷却という形での熱の移動がある。内部エネルギーの変化 ΔU は、この2種類の過程によるエネルギー収支によって決まる。外部から気体に入ってくる熱を ΔQ とすると、エネルギー収支は、(4.21)式で表される仕事と熱 ΔQ の和になる。

$$\Delta U = -P\Delta V + \Delta Q \qquad (4.22)$$

(4.22)式は、内部エネルギーの増減が出入りしたエネルギーの収支に等しいというエネルギー保存則を表しており、熱力学第1法則と呼ばれる。

熱力学には、このほかに第2法則（エントロピー増大則）と第3法則（絶対零度でのエントロピー）がある。第2法則については、章末のコラムで簡単に説明するが、第3法則は大学レベルの知識を必要とするので、本書では触れない。

気体の熱容量と比熱

気体を加熱すると、熱エネルギーが蓄えられて内部エネルギーが増大し、それとともに温度が上昇する。温度が1度上昇したとき、どれだけの熱エネルギーが加えられたかを表すのが、熱容量である。熱容量は、当然のことながら、物質の量が多いほど大きくなる。

単原子分子理想気体の場合、(4.13)式に示したように、内部エネルギー U が絶対温度 T に比例し、比例係数が $3nR/2$ になる（熱容量は実用的な場面で使うことが多いので、分子数 N とボルツマン定数 k ではなく、モル数 n と気体定数 R で表すのが一般的）。これと(4.22)式を組み合わせると、外部から気体に加えられる熱量 ΔQ と、そのときの温度の上昇 ΔT の関係が求められる。

ここでは、 $\Delta V = 0$ 、すなわち、気体の体積が変化しない場合を考えよう。このとき、(4.13)式と(4.22)式から、直ちに次の関係式が得られる。

$$\frac{3}{2}nR\Delta T = \Delta Q$$

温度が1度上昇する、すなわち、$\Delta T = 1$ のときの ΔQ が、熱容量 C_V である（添え字の V は、体積 V が一定であることを表す）。

$$C_V \equiv \left[\frac{\Delta Q}{\Delta T}\right]_V = \frac{3}{2}nR$$

体積が一定で、気体1モルあたり（すなわち、気体分子の個数がアボガドロ定数に等しい量のとき）の熱容量を、定積モル比熱という。液体や固体の場合は、通常は1グラムあたりの熱容量を比熱と呼ぶが、気体の場合は質量の測定が困難なので、分子の個数を使って比熱を定義するのである。比熱（小文字の c を使って表すのが一般的）は、熱容量の式で $n = 1$ と置くだけで得られる。

$$c_V = \frac{3}{2}R$$

定積モル比熱の導き方から明らかなように、理想気体の内部エネルギー U は、モル数 n 、定積モル比熱 c_V 、絶対温度 T の積となる。

$$U = nc_VT \tag{4.23}$$

これは、理想気体ならば、単原子分子に限らず常に成り立つ式なので、理想気体の状態変化を考えるときには、有用である。ただし、分子間力を無視するという近似の範囲でのみで正しいことを忘れてはならない。

ケーススタディ 筋肉による仕事

ニュートンの運動方程式に従うと、巨視的なエネルギーの移動は、力を加えながら物体を移動したときに行われるという。しかし、これは、日常的な実感とは少し異なる。重いものを手に持つ場合、位置を変えずにじっとしているだけで疲労する。このとき、筋肉による仕事はどうなっているのだろうか？

ここで重要なのが、人間と原子の中間のサイズで起きる現象である。筋肉内部では、このサイズで化学エネルギーを運動エネルギーに変える力学的な仕事が行われているが、人間のスケールからすると、動きはなく単に熱が発生しているように見える。

筋肉は、アクチンおよびミオシンという巨大な分子がいくつも束ねられた繊維からできている。アクチンは、細胞質を満たす細胞骨格の成分であり、細胞分裂や細胞質流動などで重要な役割を担う。アクチン繊維は、無数のアクチン分子が分子間力でくっついて繊維状になったもの。一方のミオシンは、細長い尾部と大きな頭部からなる分子で、何百ものミオシン分子の尾部が寄り集まって太い繊維を形作る。筋肉では、太い繊維から突き出したミオシン頭部がアクチン繊維と結合したり解離したりすることで、2つの繊維の相対的な位置が変わり、その結果として筋肉の収縮が生じる。

ミオシン分子の機能が正確にわかっているわけではないが、模式的には、**図4-20**に描いたようなサイクルによると考えられる。ミオシン頭部には先端にアクチン繊維と結合する部位、根元（頸部）にはレバーアームと呼ばれる構造変化を起こす部位がある。ミオシン頭部は、通常はアクチンと結合せずにフラフラしているが、筋肉に負荷が加わると、多数のミオシンがアクチン繊維に結合し、あたかも綱引きの選手がいっせいに綱を引くように協調した動きを行って、アクチン繊維を特定の向きに滑らせる（ミオシンが固定されていない場合は、ミオシン分子がアクチン繊維の上を動く）。こうした動きを実現するために、ATP（アデノシン三リン酸）という分子の内部に蓄えられていた化学エネルギーが利用される。

重い物体を手でじっと持っているとき、アクチン繊維はミオシン分子との結合と解離を繰り返しながら、少しずれては元に引き戻されるという反復的な動きをする。巨視的な観点からは仕事をしていないように見えるが、微視的には、アクチン繊維に力を加えて動かすという力学的な仕事が行われるのである。全体的にはATPの化学エネルギーが消費され、アクチン繊維の動きを通じて体温が上昇することになり、体感的には、物を動かしたときと同様に疲労を覚える。

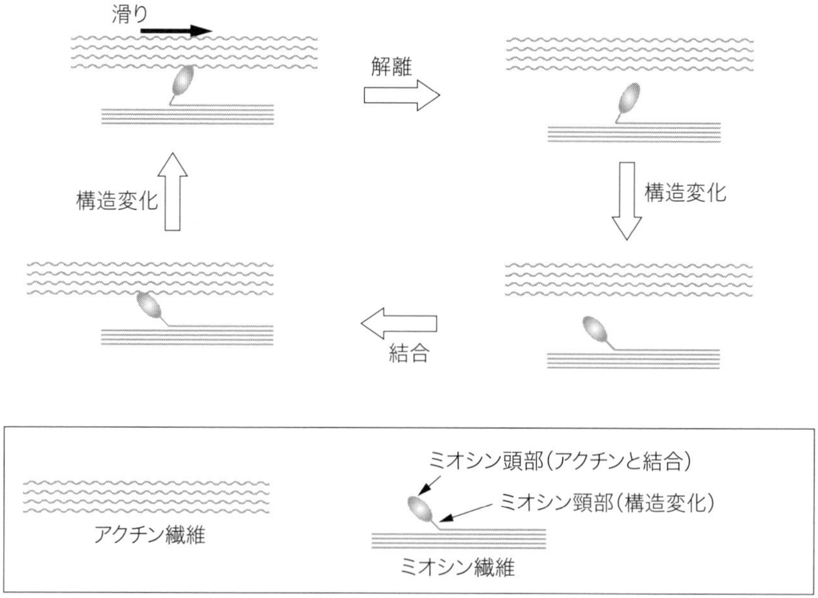

図4-20 ミオシンとアクチンの相互作用

コラム エントロピーの正体

「エントロピー」は、物理学用語としては例外的に多くの人に知られたものである。しかし、その意味が正しく理解されているとは到底思えない。孤立したシステムのエントロピーは常に増大するが、この物理法則は、しばしば「世界は乱雑さが増していく」という言い回しで語られるため、これまで多くの誤解を生んできた。実際には、エントロピーとは物理現象を統計法則によって説明するための概念なのである。

19世紀にクラウジウスによってエントロピーのアイデアが提唱されたとき、彼が依拠したのは、「熱は必ず高温領域から低温領域へと流れる」という経験則だった。

温度 T の領域に熱量 ΔQ が流入するとき、その領域のエントロピー S の変動を $\Delta S = \Delta Q/T$ で定義する。温度が T_1 の領域1から温度が T_2 の領域2へと熱量 ΔQ が移動するものとしよう。このとき、それぞれの領域でのエントロピー変化は、領域2で $\Delta Q/T_2$ になるのに対して、領域1では熱量 ΔQ が外部に流出するので、負号を付けて $-\Delta Q/T_1$ となる。したがって、両者を合わせた領域全体でのエントロピー変化は、次式で与えられる（全体のエントロピーは、部分のエントロピーの和になると仮定する）。

$$\Delta Q\left(\frac{1}{T_2}-\frac{1}{T_1}\right)$$

自然に熱が流れるのは、$T_1 > T_2$ の場合であり、このとき全体のエントロピー変化はプラス、すなわちエントロピーが増大する。一方、$T_1 < T_2$ というエントロピー減少の過程は、低温領域1から高温領域2へと熱量が流れることになり、自然には起こり得ない。つまり、熱の流れに関する経験則が、「エントロピーは常に増大する」という物理法則の形で表現し直されたわけである。

クラウジウスがエントロピーを定義した時点では、エントロピーが常に増大するという主張の根拠は、熱の流れに関する経験則しかなかった。熱や温度についての理解が不十分な段階では、それ以上のことは言えなかったのである。しかし、マクスウェルが切り開いたエネルギー分配の議論によって、経験則の根底に確固たる統計法則が存在することが明らかになったのである。

統計法則とは、単に「そうなりやすい」というだけの怪しげな主張ではない。構成要素の数がきわめて多数の場合には、これに反する現象が起きることは現実問題としてあり得ないような、確固たる法則なのである。

◆◆◆◆◆

自然な熱の流れが、なぜ「高温領域から低温領域へ」というケースに限られるかは、(4.14)式を導くまでの気体分子運動論の議論を使えば、納得できるだろう。高温と低温の同種の気体を混合すると、内部エネルギーの合計が、混ぜ合わされたすべての分子に再配分される。隔壁を取り除いた瞬間には、もともと高温だった気体の分子に内部エネルギーが偏っている。分子が（主に容器壁との）衝突を繰り返しランダムにエネルギーをやりとりしているうちに、こうした偏りが均されて、運動エネルギーの平均値が（(4.11)式で表されるような）全内部エネルギーと全分子数の比で決まる値に落ち着く。このように、エネルギー分布の偏りがランダムなエネルギーのやりとりによって均されていくのが、エントロピーが増大する過程なのである。

ボルツマンは、気体分子運動論の場合におけるこうした議論を、より一般的なケースに拡張した。彼が注目したのが、エネルギーを分配する仕方が何通りあるかというパターン数である。

エネルギー分配について議論するのは難しいので、ここでは、サイコロを用いて説明しよう。サイコロの目は1から6であり、ゆがみのない立方体ならば、何回もサイコロを振った場合、それぞれの目は同じ頻度で出るはずである。

それでは、サイコロを2個振ったとき、目の和はどうなるだろうか？最小値は2つとも1の目が出る場合の2、最大値は2つとも6のときの12である。しかし、実際に何回か試してみればわかるように、2から12までの値が同じ頻度で出るのではなく、和は7前後になるケースが多い。

和が2になるためには、すべてのサイコロの目が1でなければならない。これに対して、和を7にするには、**図4-21**に示したようないくつものパターンがある。パターンの数が多いので、2個のサイコロを振ったとき、和が2や12になるよりも7になる確率の方がずっと高い。

サイコロが2個の場合、36回に1回の割合で和が2になる。しかし、サイコロが10個になると、和が最小値10になる確率はおよそ6千万分の1、100個の場合、最小値100になる確率は、6の後にゼロが77個続くような巨大な数で1を割った値となる。100個のサイコロを箱に

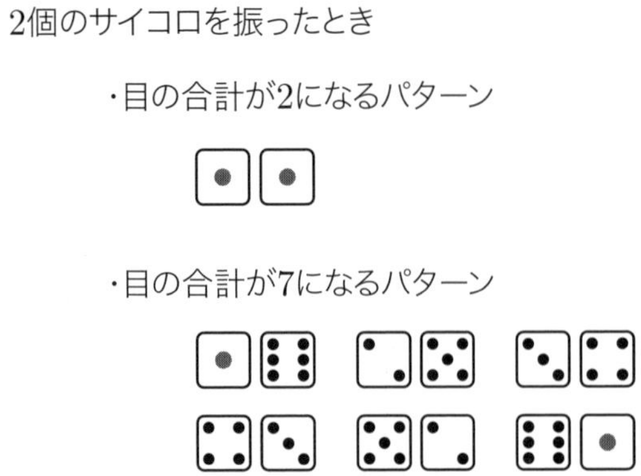

図 4-21 2個のサイコロのパターン

入れ、激しく揺さぶってから中を見たとき、すべてのサイコロの目が1である可能性は、実質的に皆無である。和の値が最小値と最大値の中間である350付近になる確率は、それに比べて圧倒的に高い。確率に大きな開きがあるのは、その状態を実現するパターンの数が大幅に異なるからである。

気体分子の場合も同様で、最も実現されやすいエネルギーの分配の仕方は、ちょうど100個のサイコロを振ったときの目の和が350付近になるケースのように、最もパターン数が多く、実現される確率の高い分配である。しかも、気体分子の個数は、100個どころではない。1モルの気体ならば、分子数はアボガドロ定数（60の1000億倍の1000億倍）に等しい。これだけの個数があるのだから、ひとたび最もありそうなエネルギーの分配になると、気体分子同士で頻繁にエネルギーのやりとりをしたとしても、分配のパターンが大きく変化することは、現実問題として起こり得ない。これが、熱平衡と呼ばれる状態である。

ボルツマンは、クラウジウスの定義したエントロピーが、エネルギーを分配するときのパターン数と関係することを示した（詳しく言うと、パターン数の対数にボルツマン定数を乗じたもの）。「エントロピー増大の法則」とは、きわめて多数の構成要素を含むシステムでランダムにエネルギーをやりとりしていると、必然的に最もありそうなエネルギー分配のパターンに近づくという統計的な法則なのである。気体分子の場合は、マクスウェルの速度分布が、最もありそうなエネルギーの分配に相当する。

分子間力を無視するという“非現実的”な気体分子運動論は、こうしたエントロピーの考えを理解する上で、わかりやすい事例を提供する。現在の指導要領からほんの少し逸脱して、マクスウェル分布とエントロピー増大の法則について解説すれば、物理学に興味のある学生によい刺激を与えるのではなかろうか。

【後注】

＊3　数式で書いておこう。流体の密度を ρ、粘性係数を η、物体の大きさを表す量（球の半径など）を a、運動速度を u とする。慣性抵抗と粘性抵抗は、これらの量に対して、次のような依存性を示す（「∼」はオーダー（桁数）が等しいことを表す）。

$$\text{慣性抵抗} \sim \rho u^2 a^2$$
$$\text{粘性抵抗} \sim \eta u a$$

したがって、慣性抵抗が粘性抵抗に対して充分に小さいという条件は、次の不等式が満たされる場合である。

$$R \equiv \frac{\rho u^2 a^2}{\eta u a} = \frac{\rho u a}{\eta} \ll 1$$

この式で定義される R は、レイノルズ数と呼ばれる単位を持たない量で、レイノルズ数が充分に小さいときには、粘性抵抗に比べて慣性抵抗が無視できる。

＊10　速度の **2** 乗平均は、次式で定義される。

$$\left\langle v_x^2 + v_y^2 + v_z^2 \right\rangle \equiv \int_{-\infty}^{+\infty} dv_x dv_y dv_z \left(v_x^2 + v_y^2 + v_z^2 \right) F\left(v_x^2 + v_y^2 + v_z^2 \right)$$

積分を実行するには、次の積分公式が利用できる。

$$\int_{-\infty}^{+\infty} dx \exp\left(-ax^2\right) = \sqrt{\frac{\pi}{a}}$$

$$\int_{-\infty}^{+\infty} dx \left\{ x^2 \exp\left(-ax^2\right) \right\} = \frac{1}{2}\sqrt{\frac{\pi}{a^3}}$$

これより、速度の **2** 乗平均として、次の値を得る。

$$\left\langle v_x^2 + v_y^2 + v_z^2 \right\rangle = \frac{3}{2a}$$

分子 **1** 個あたりの運動エネルギーの平均値と温度は、次式で結ばれる。

$$\langle K \rangle \equiv \frac{1}{2} m \left\langle v_x^2 + v_y^2 + v_z^2 \right\rangle = \frac{3}{2} kT$$

これらを組み合わせれば、a が求められる。

＊12　仕事とエネルギーの関係式を運動方程式から導くには、ポテンシャルエネルギーが特定の形式に制限される必要があり、議論が難しくなるので、ここでは、ポテンシャルエネルギーはないものとし、運動エネルギーの変化だけについて考えよう。運動方程式の両辺に速度 v（$= dx/dt$）を乗じて、時間 t で **0** から T まで積分する。

$$f \times \frac{dx}{dt} = m\frac{dv}{dt} \times v \Rightarrow \int_0^T \left(f \times \frac{dx}{dt} \right) dt = \int_0^T \left(m\frac{dv}{dt} \times v \right) dt$$

等号で結ばれた両辺は、それぞれ、次のように書き換えられる。

$$(\text{左辺}) = \int_{X_1}^{X_2} f dx$$

$$(\text{右辺}) = \int_0^T \frac{d}{dt} \left(\frac{1}{2} m v^2 \right) dt = \left[\frac{1}{2} m v^2 \right]_0^T$$

この式に示されるように、力を位置座標 x によって、$t = 0$ の位置から $t = T$ の位置まで積分すると、**2** つの時刻における運動エネルギーの差になる。力 f が時間とともに変動しない場合は、力と移動距離の積が、運動エネルギーの増分に等しくなる。

終章

エネルギーとは何であり、なぜ保存するのか

物理学とは何だろう。英語のphysicsは、ギリシャ語に起源を持つもので、アリストテレスの『physika（自然学）』に代表されるように、自然現象全般の知識を扱う。これに対して、日本語の「物理」とは、文字通り「物の理《ことわり》」を意味する語であり、表面的な現象にとらわれない、より本質的なものを探求するというニュアンスがある。ちなみに、漢字の「理」は、大理石・木理などに示されるように、もともとは表面にあるすじのことであり、転じて筋道やことわりを意味するようになった。

「物の理」として具体的に想定されるのは、普遍性・明確性を持つ法則である。基礎的な物理法則は、「いつどこで」あろうと「いまここで」と同じように成り立つと考えられる。例えば、200万光年離れたアンドロメダ銀河にある電子が地球上の電子と同じ質量を持つことは、天体から放出された光を分光学と呼ばれる手法で分析することで確認されている。

高校物理のように、試験のためだけに勉強する教科と思われがちなものであっても、物理学が持つ普遍的な性格は受け継いでいる。本書では指導要領に沿って教科内容を解説したが、そのほんの少し先には、自然の謎を解き明かす広大な学問の世界が開けている。

この終章では、まず、宇宙・素粒子・生命に関して、物理学で何がわかり何がわかっていないかを簡単に総括し、その上で、物理学の方法論を最も明確に示す概念として、エネルギーについて説明し全編のまとめとしたい。

ラグランジアンのように大学で習う内容も含まれるが、こうした統一的な数学的手法を知ることで、物理学の真の姿が見えてくるだろう。

宇宙

▶わかったこと

宇宙全体を物理学で扱おうとする試みは、20世紀初頭に行われたアインシュタインの研究に始まる。

一般相対論が明らかにしたのは、第1章【コラム】で述べたように、ニュートンの重力ポテンシャルが時間の尺度変化を表すことだった。近年では、一般的に使われるセシウム原子時計より格段に正確な光格子時計が開発されている。これを使うと、スカイツリーの展望階では、地上階に比べて時間の進み方が1日あたり10億分の4.26秒だけ速くなることが確認された。この結果が重力ポテンシャルの作用によるものならば、理論上、展望階は地上階より452.6メートル高いと計算されるが、この数値は、レーザー光を用いて測定した距離と一致した。

こうした尺度の変化は、時間と空間にゆがみをもたらし、その内部を運動する物体の軌道を変えるという形で、重力作用を引き起こす。時間・空間のゆがみが小さい場合、一般相対論は、ニュートンの重力理論とほとんど変わりない。

しかし、一般相対論の効果は、それだけではない。空間の尺度が時間とともに持続的に変化することによって、宇宙空間全体が膨張・収縮する可能性も出てきた。観測データによれば、われわれが住む宇宙は138億年前のビッグバンで始まり、それから現在に至るまで膨張し続けていることは確実である。

このまま膨張を続けると、あと1000億年ほどで、銀河系（現在の天の川銀河と局所銀河群に属するアンドロメダ銀河その他が合体した楕円銀河）の周囲には観測できる銀河がなくなり、広大な宇宙空間に孤立した存在になる。この時点では、太陽のように煌々と輝く恒星は姿を消している。赤色矮星と呼ばれる（人間の目には）暗い光しか放たない星が残っているが、何兆年か経過するうちにそれらも燃え尽き、暗黒の世界となる。その後、銀河もバラバラになり、最終的には、すべての物質が崩壊して何もない世界が残される。

▶わかっていないこと

現在の宇宙論で最大の謎とされるのが、暗黒エネルギーである。暗黒エネルギーとは、真空に内在するエネルギーのことで、宇宙空間の膨張を加速ないし減速させる効果がある。観測データには不確定部分が残されているが、それでも、ゼロでない暗黒エネルギーが存在することはほぼ確実だとされる。ただし、その大きさについては、不明な点が多い。

場の量子論によると、暗黒エネルギーは巨大な値になるはずだが、観測データは、それより桁違いに小さい値を示している。暗黒エネルギーが特定の値に定まるメカニズムは、まったくわかっていない。また、暗黒エネルギーが時間とともに変化すると、宇宙の未来が現在の予測と大幅に異なる可能性もある。遠い未来に宇宙が収縮に転じたり、膨張速度がスピードアップしてあらゆる物質が引き裂かれて終わるかもしれない。

「ビッグバンより前」の時間が存在するか、存在するなら何が起きたかは、ほとんどわかっていない。ビッグバン以前があるならば、物質がまったく存在せず、暗黒エネルギーによる急激な膨張が起きたと推測されるが、それを裏付ける確実な証拠はない。

原子核と素粒子

▶わかったこと

ミクロの世界に目を転じよう。原子核のスケールに関しては、すでに理論の大枠が確立されている。

ビッグバンから数分間の間にどの元素がどれくらいの割合で合成されたか、恒星内部ではどのような核反応によってエネルギーが生み出されているか—といったことが、実験で得られた原子核の質量や反応頻度に関するデータを用いて計算された。例えば、現在の太陽では、4個の陽子（水素原子核）が連鎖的に反応してヘリウム原子核を作る核融合が主流であり、この反応を通じて放出されるエネルギーは、それぞれの原子核が持つ質量のエネルギー（第3章(3.17)式）を基に計算できる。

原子核以下のスケールになると、場の量子論（第3章3-2節）が通用する範囲では、かなりのことがわかったと言ってよい。

20世紀半ばまで、場の量子論は役立たずの理論という見方が強かった。何かを計算しようとしても、ごく限られたケースしか答えを出せなかったからである。しかし、1960年代に入ると、こうした問題を克服する方法が次々と発見される。特に、非可換ゲージ理論と呼ばれる理論は、ビッグバンの直後に「対称性の自発的破れ」が起きたと仮定することで、それまで計算不能と思われていたさまざまな現象を数値的に解明する道を開いた。

1970年代前半には、対称性の破れを伴う非可換ゲージ理論によって、すべての素粒子を統一的に扱う理論—素粒子の標準模型—が開発される。この模型は、部分的な修正を施されながらも、現在なお素粒子現象を記述する基本的なツールとして利用される。原子核の外で孤立させた中性子は、平均寿命15分でベータ崩壊を起こして陽子と電子（およびニュートリノの反粒子）に変化するが、なぜこうした素粒子反応が起きるかは、標準模型できちんと説明できる。

素粒子の標準模型に対する修正は、今も着々と続けられている。標準模型では、ニュートリノには質量がないとされる。ニュートリノは、光と同様に、静止することができず常に光速で動き回るというのが、標準模型の前提である。しかし、近年の実験では、ニュートリノにごくわずかの質量が存在することを示唆する結果が得られているため、標準模型を修正する必要がある。おそらく、それほど重大でない部分的な修正で済むだろう。

この宇宙では粒子が多く反粒子が少ないという非対称性も、標準模型では説明できない（第3章3-3節）。この点に関しては、ニュートリノ質量のケース以上に大幅な修正が必要になると思われるが、非可換ゲージ理論という枠組み自体は変更しなくてかまわないだろう。

▶わかっていないこと

標準模型の基本的前提である「対称性の自発的破れ」がどのように起きるかに関しては、議論が紛糾している。標準模型は、ヒッグス機構と呼ばれるごくシンプルなメカニズムを仮定する。しかし、観測される素粒子の質量を説明するためには、理論に含まれる物理定数をかなり恣意的に調整しなければならない。

ヒッグス機構には、スカラー場と呼ばれる特殊な場の存在が仮定されるが、この場に関しては、ほとんど何もわかっていない。恣意的な調整が必要になるのは、「スカラー場とは何か」がわかっていないことの裏返しでもある。実は、宇宙論で問題となる暗黒エネルギーも、スカラー場と何らかの関係があると考えられる。宇宙と素粒子という極大・極小双方の領域で、スカラー場という謎の存在が、理論の発展を阻む障壁となっている。

◆◆◆◆◆

素粒子の標準模型は、多大な成功を収めてはいるが、さまざまな仮定を積み重ねなければならない構成からして、究極の理論だとは考えにくい。それでは、その先には、どのような理論を建設すればよいのか？ この点に関しては、何もわかっていない。

1980〜90年代には、標準模型の先にある究極の理論として「超ひも理論（弦理論）」が期待されていた。しかし、予想された現象が観測されないことから、流行は下火となった。超ひも理論に代わる究極の理論はまだ模索中で、現状は手詰まり状態に陥っている。

銀河質量の大半は、暗黒物質が担うと考えられている（第1章1-2節コラム）。暗黒物質の正体が未知の素粒子だという可能性もあり、現在、地球に降り注ぐ暗黒物質を捉える研究が進められている。もし、標準模型に含まれない素粒子が発見されれば、そこから、新しい基礎理論への道が開かれるかもしれない。

生命

▶わかったこと

熱力学にはエントロピー増大の法則（第4章【コラム】参照）と呼ばれる物理法則がある。統計法則に従う現象は、エネルギー分配などに見られる偏りが均されていき、最終的には、最もありそうな（そうなる確率の最も高い）状態に落ち着くという法則である。ところが、生き物は、受精卵から出発してしだいに体組織が分化していく。これは、偏りが均されるのとは逆の方向へと進む過程であり、エントロピー増大の法則を破っているようにも見える。それでは、生き物は物理法則に従っていないのだろうか？

この問いに対しては、統計力学の知見に基づいて解答できる。。

宇宙空間は、絶対零度近くに冷え切った極寒の世界である。そこに、表面温度が約6000度という高温の太陽が、ポツリと存在する。その結果、太陽から宇宙空間に流れ出す巨大なエネルギー流が生まれる。地球は、そのただ中にあって太陽が放射する大量の光を浴びる一方で、余分な熱を低温の宇宙空間に捨てることによって、15℃程度の平均気温を保つ。

ボルツマンによるエネルギー分布の法則が示すように、温度が高い領域では、その構成要素が分け持つ平均エネルギーが大きくなる。気体分子運動論では、温度が高いと高速で運動する分子の割合が高いが、光の場合は、 $h\nu$ の値が大きい光量子（光子）が相対的に多くなる。

高温の太陽から飛来する光量子は、大きなエネルギーを持つものが多い。高エネルギーの光量子が地表の分子にぶつかってエネルギーを与えると、分子の立体構造が変化して内部にエネルギーが蓄えられた状態になることがある。こうした分子には、光合成において中心的な役割を担うクロロフィル（葉緑素）や、クロロフィルから始まるエネルギーの流れを受け取るADP（アデノシン二リン酸）などがある。その分子だけを見ると、エネルギーの低い状態から高い状態へと変化しており、エントロピーが減少したようにも見える。しかし、大きなエネルギーを持つ光量子自体が低温の地表では不自然な存在であり、特定の分子に集中的にエネルギーを与えることは、極端なエネルギーの偏りを解消するための自然な過程なのである。

生命活動は、恒星という高温領域から極低温の宇宙空間へ大量のエネルギーが流れる過程に随伴して生じた、一時的・局所的な過程なのである。統計力学の観点から見ると、何ら奇妙な点はなく、物理法則は破られていない。

▶わかっていないこと

生命活動が大局的に見て物理法則に反しないことは確実だが、個々の化学反応や物質の輸送に関しては、物理学的な議論ができる段階にはない。たとえウィルス程度の大きさであっても、方程式を解いてその動きを調べることは困難である。

生命の誕生に関しても、物理学は、ほとんど無力である。生命が誕生するためには、高温領域から低温領域への持続的なエネルギー流がある環境中で、長期間にわたって有機分子が合成され続け、生体の構成要素が用意される必要がある。しかし、そうした化学反応が、いつどこで起きたのだろうか？ 高温領域からのエネルギー流としては、すでに述べた太陽光のほかにも、地殻からの熱エネルギー、雷など大気中の放電などが考えられる。だが、どれが生命を生み出したエネルギー流か、物理学的観点から議論するのは難しい。

物理学による統一的な世界観

この世界は、宇宙から素粒子、物質から生命に至るまで、あらゆる領域にわたって普遍的な法則に支配されている。いまだに未知の領域は多いものの、「普遍的」という考え方そのものに対する物理学者の信頼は、揺らいでいないように思える。

確かに、現実の世界は、きわめて複雑精妙な変化に満ちており、生命活動のように、物理学では具体的な解明が困難なケースも少なくない。こうした現象は、物理学の教科書に記載される単純な法則には従っていないように見える。しかし、それは、無数の部分が絡み合っているせいであり、多くの物理学者は、現象の根底には、単純な数式で表される基本法則が存在すると考えている。それが物理学的な世界観であり、世界がどのように構成されているかを教えてくれる。

世界の基本法則が単純であることを示す一つの例が、エネルギー保存則である。

高校物理には、いろいろな形でエネルギーが現れる。力学で使われる運動エネルギー、電磁気学における電場や磁場のエネルギー、熱力学の熱エネルギー、原子物理では質量エネルギーや核エネルギーが登場する。こうしたさまざまなタイプのエネルギーが存在するにもかかわらず、おそらくほとんどの物理学者は、全エネルギーの保存則があると信じている（保存しないと主張する物理学者はいるが、その場合には、どのように保存しないかを表す法則があると考える）。

なぜ、さまざまな分野で別々に定義されたエネルギーが、全体として保存されると考えるのか？ 実は、ここに、物理学という学問の基本的な方法論が集約されているのだ。本書の結びとして、この問題を取り上げよう。

エネルギーとは何か

物理学的な意味でのエネルギー概念が登場するのは、17世紀半ばである。ライプニッツが、現在の運動エネルギーに相当する量を、物体に内在する力として「活力（vis viva）」と呼んだことに始まる。18世紀に入ると、バネなどに蓄えられたポテンシャルエネルギー（当時は一般的な名称はなく、「潜在的な活力」と呼ばれることもあった）と運動エネルギー（活力）の和が一定に保たれることを示す数式が提案された。ただし、この時点ではまだ、エネルギーという統一的な概念は生まれていない。

実験科学の進展とともに、力学的エネルギーのアイデアを他の物理現象にも拡張する動きが現れる。19世紀半ばに、ジュールが「熱の仕事当量」の測定を行ったのを皮切りに、熱にかかわる現象を力学的エネルギーと結びつける議論が生まれ、クラウジウスによる熱力学第一法則として結実した。20世紀初頭には、アインシュタインが質量もエネルギーの一種であることを示した。

物理学の歴史を顧みると、新しい理論が作られるとそれに伴って新たなエネルギーの式が提案されてきた。にもかかわらず、物理学者がエネルギー保存則を常に成り立つ原理的な法則と信じているのは、これが、物理法則の基本的な性質に根ざしているからである。ごく簡単に言えば、時間とともに物理法則が変化しないならば、保存する量としてエネルギーが定義できるのである。

▶ラグランジアンによる定式化

ここで重要なのは、20世紀に入って、基礎物理学の方法論が大きく変わったことである。かつては、運動方程式やマクスウェル方程式など、個別的に見出された方程式が物理学の主役だった。しかし、現在では、方程式よりも根源的な関数を前提とし、そこからさまざまな方程式を導くという考え方が主流になっている。この根源的な関数が、ラグランジアンである。

ラグランジアンとは、「どんな物理現象が起きるか」を表す関数（正確に言えば汎関数）である。変数となるのは、基礎的な過程を記述する物理量とその変化であり、ニュートン力学ならば位置と速度、マクスウェル電磁気学では場の強度と変化（場の時間および空間微分）が使われる。

微積分を使うので数学的にはやや高度になるが、式をまったく使わないとイメージが湧きにくいので、ニュートン力学に従って運動する質量 m の粒子を考えることにしよう。運動は1次元的で座標は一つの変数で表されるものとし、時間変数 t の関数 $x(t)$ で位置座標を表す。空間には、重力ポテンシャルや電気的ポテンシャルなどが存在しており、粒子の位置が x のときの位置エネルギーが $U(x)$ だとする。このときのラグランジアンは、次式で与えられる。

$$L = \frac{1}{2}mv^2 - U(x) \quad \text{ただし、} \quad v = \frac{dx}{dt}$$

これは、力学的エネルギーの式（重力による運動の場合は、第1章(1.18)式）によく似ているが、位置エネルギーにマイナスの符号が付く点が異なる。

運動方程式など力学的な方程式は、変分法と呼ばれる数学のテクニックを用いて、このラグランジアンからすべて導くことができる。変分法は、大学後期課程レベルの高度な数学的知識を必要とするので、ここでは説明しないが、境界条件（粒子の運動の場合なら、最初と最後の時刻における位置座標）を指定すると、機械的な式変形を行うだけで、ポテンシャルが存在するときの運動方程式が導かれる。

粒子の運動に限らず、電磁場の変化に関するマクスウェル方程式も、同じように、電磁場のラグランジアンを使って導かれる。

基礎的な物理過程に関しては、どんな場合でもラグランジアンが定義でき、それを使って、現象を記述する方程式がすべて導ける—そう信じる物理学者は多い。簡単なケースでは、ラグランジアンは、一般に運動エネルギーと位置エネルギーの差として表される。

▶ 作用・反作用の法則

ラグランジアンを用いた定式化が、運動方程式のような個別的な方程式よりも根源的だと考えられる理由の一つは、以前は原理と見なされていた法則を導くことが可能になったからである。

ニュートン力学では、作用・反作用の法則が原理として扱われていた。物体Aと物体Bが相互に力を及ぼし合っているとき、AからBに働く力は、その反作用であるBからAに働く力と大きさが等しく向きが反対だとされる。しかし、この法則は、場が存在するときには成り立たない。荷電粒子は電場から力を受けるが、その反作用として電場に力学的な力を及ぼすわけではない。電場は荷電粒子によって強度が変化するのであり、両者の相互作用は、作用・反作用の関係にはないのである。

ラグランジアンを利用すると、この状況が明確になる。ラグランジアンに含まれるのは、形式的に位置エネルギーの符号を変えた項なので、電荷 q の荷電粒子が電位 ϕ の地点に存在するときには、 $-q\phi$ という項が現れる。変分法を使って方程式を求めると、同じ $-q\phi$ の項から、荷電粒子が従う運動方程式には電場から作用する電気的な力が、電磁場が従うマクスウェル方程式には荷電粒子が生み出す場の変化が導かれる。

$-q\phi$ は、荷電粒子と電磁場に関する量の積になっており、両者の相互作用を表すものと見なせる。同じような相互作用の項は、電荷と電位だけではなく、質量と重力ポテンシャルの積という形でも現れる。つまり、ニュートン力学で力に関する原理として扱われた作用・反作用の法則は、ラグランジアンを使うと、粒子と場の相互作用という一般的な形式で表現できるのである。

▶エネルギーが保存する理由

ラグランジアンを表す式の形が、時間とともに変化しない場合を考えよう。このとき、時間座標を t から $t+\Delta t$ にずらしても、ラグランジアンは形式的に変化しない。この条件の下で変分法を実行すると、保存する量が必ず1つは存在することが示される。粒子の運動の場合、この保存量 E は次式に等しい。

$$E = v\frac{\partial L}{\partial v} - L$$

$\partial L/\partial v$ は、ラグランジアン L を位置 x と速度 v の関数と見なしたとき、x を固定して L を v で微分するという意味である。したがって、位置エネルギー $U(x)$ が与えられたときの保存量 E は、次のように求められる。

$$E = v\frac{d\left(mv^2/2\right)}{dv} - \left\{\frac{1}{2}mv^2 - U\left(x\right)\right\} = \frac{1}{2}mv^2 + U\left(x\right)$$

この式は、保存量 E が力学的エネルギーに等しいことを表す。

ラグランジアンはどんな物理現象が生起するかを決定する根源的な関数なので、それが時間をずらしても変わらないとは、物理法則が時間とともに変化しないことを意味する。もし時間が経過しても物理法則が変わらないとすると、そこには、必ず変化しない物理量が一つ存在しなければならない—これがラグランジアンによる定式化から導かれる帰結なのである。

これまで、力学や電磁気学などで、それぞれ個別にエネルギーを定義し、その値が時間とともに変わらないという言い方をしてきた。だが、方程式をいろいろといじっているうちに、たまたま保存する量を見つけたわけではない。物理学の基本定理によって、保存量が存在しなければならないのである。

▶ネーターの定理

基本定理によって導かれる保存量は、エネルギーだけではない。無重力の宇宙空間でフワフワ浮かんだまま、物理実験をすることを考えていただきたい。ある地点での実験結果と、慣性の法則に従って移動した地点での実験結果は、場所によって物理法則が変化しない限り、等しいはずである。このように、「場所をずらしても物理法則が変わらない」ならば、ラグランジアンを使って保存量が導かれる。場所は縦・横・高さの各方向にずらすことができるので、保存量も3つある。それが、3成分を持つ運動量である。

より一般的に言えば、理論に含まれる時間座標や空間座標のような連続的な変数をずらしたとき、ラグランジアンの形が変わらなければ、それに対応した保存量が存在する。これは、「ネーターの定理」と呼ばれる数学の定理であり、1915年に、当時はまだ珍しかった女性の数学者エミー・ネーターによって発見された。現代物理学における最も重要な定理であるにもかかわらず、解析学の高度な応用なので、残念ながら高校物理で触れられることはない。

ネーターの定理から導かれる興味深い帰結が、電荷の保存則である。古典的な電磁気学では、どの電子もなぜか正確に同じ電荷を有しており、電子が壊れないので電荷が保存すると考えられていた。しかし、ネーターの定理を使うと、電荷の保存則は、ゲージ対称性と呼ばれる性質（素粒子の標準模型に関連して紹介した非可換ゲージ理論などで基盤になる性質）の表れであることが示される。電荷が消えてなくならないのは、電子や陽子などの荷電粒子が壊れないからではなく、場の量子論が持つ特徴なのである。量子論で「電子は波として振る舞う」という話をしたとき、電荷はどうなっているかと気になった人がいるかもしれないが、たとえ波であっても、ネーターの定理に従って電荷は保存する（少し難しい話なので、充分に理解できなくてもかまわない）。

物理学の方法論

近代物理学の基本的な考え方は、複雑な現象の根底に単純な数式で表される物理法則が存在するというものである。この観点から、いたずらに議論を複雑にする要因を排除して実験・観測を行い、その結果を基に、根底にある物理法則を数式で明らかにしようとする。こうした方針は、なめらかな斜面で金属球を転がす実験を通じて慣性の法則を見出したガリレオから始まったもので、特定の素粒子を加速して衝突させたときの反応パターンから相互作用の形を見出そうとする現代最先端の研究にまで受け継がれている。

物理学は、複雑な現実から目を背けているわけではない。まず、複雑さを排除することで物事の本質を解明し、その上で複雑な現実を段階的に再構築しようとするのである。容器に封入された理想気体という非現実的な対象を理論化することによって統計力学を作り上げ、その手法を使って、物質とはまったく異質の法則に支配されるように見える生命現象が決して物理学に反していないことを明らかにした。

現代の物理学では、ラグランジアンを用いた統一的な数学的手法が用いられており、そこから普遍的な法則の根拠が明らかになってきている。エネルギーの保存則は、「時間が経過しても物理法則が変わらない」という経験的に正しそうな主張から導かれる。それだけに、多くの物理学者はエネルギーが保存することを信じているし、これを否定する場合でも、時間の経過とともに物理現象の基盤となる状況が変化すると主張するのが一般的である。例えば、宇宙空間における真空の状態が時間が経つにつれて変わる場合は、エネルギー保存則が（“この”宇宙の内部では）破れることになる。

高校物理をかじっただけの人は、こうした物理学のあり方を知る手前の段階で、学問から離れてしまう。そのせいで、物理学とはつまらない学問だと思えるかもしれない。だが、高校で教えられるのは、物理学の抜け殻にすぎない。高校物理の内容をほんの少し拡張すると、明確な方法論に裏付けられた統一的な学問としての物理学の真の姿が見えてくるはずである。

索引

アルファベット

ア行

カ行

サ行

タ行

著者プロフィール

吉田伸夫（よしだ のぶお）

1956年、三重県生まれ。東京大学理学部物理学科卒業、同大学院博士課程修了。理学博士。専攻は素粒子論（量子色力学）。科学哲学や科学史をはじめ幅広い分野で研究を行っている。著書に『完全独習 相対性理論』『宇宙に「終わり」はあるのか』『時間はどこから来て、なぜ流れるのか？』（講談社）、『宇宙に果てはあるか』『光の場、電子の海』（新潮社）、『日本人とナノエレクトロニクス』『素粒子論はなぜわかりにくいのか』『科学はなぜわかりにくいのか』（技術評論社）などがある。

著者ホームページ『科学と技術の諸相』
http://www005.upp.so-net.ne.jp/yoshida_n/

■ カバーデザイン ――――― 小川純（オガワデザイン）
■ 本文デザイン・DTP ――― BUCH+

この世界《せかい》の謎《なぞ》を解《と》き明《あ》かす
高《こう》校《こう》物《ぶつ》理《り》再《さい》入《にゅう》門《もん》

2020年10月30日　初版　第1刷発行

著　　者　吉田《よしだ》 伸夫《のぶお》
発 行 者　片岡 巌
発 行 所　株式会社技術評論社
東京都新宿区市谷左内町21-13
電話　03-3513-6150　販売促進部
03-3267-2270　書籍編集部
印刷／製本　昭和情報プロセス株式会社

定価はカバーに表示してあります。

ISBN978-4-297-11663-7 C3042　　Printed in Japan

本書へのご意見、ご感想は、技術評論社ホームページ（https://gihyo.jp/）または以下の宛先へ、書面にてお受けしております。電話でのお問い合わせにはお答えいたしかねますので、あらかじめご了承ください。

〒162-0846　東京都新宿区市谷左内町21-13
株式会社技術評論社　書籍編集部
『この世界の謎を解き明かす
高校物理再入門』係
FAX：03-3267-2271